# 과학공화국

## 지구법정

**10**
이상기후

# 과학공화국 지구법정 10

이상 기후

ⓒ 정완상, 2008

초판  1쇄 발행일 | 2008년 3월 28일
초판 16쇄 발행일 | 2022년 12월 1일

지은이 | 정완상
펴낸이 | 정은영
펴낸곳 | (주)자음과모음

출판등록 | 2001년 11월 28일 제2001-000259호
주소 | 10881 경기도 파주시 회동길 325-20
전화 | 편집부 (02)324-2347, 경영지원부 (02)325-6047
팩스 | 편집부 (02)324-2348, 경영지원부 (02)2648-1311
e-mail | jamoteen@jamobook.com

ISBN 978-89-544-1479-1 (04450)

# 과학공화국 지구법정

# 지구법정

정완상(국립 경상대학교 교수) 지음

**10**
이상기후

|주|자음과모음

# 생활 속에서 배우는 기상천외한 과학 수업

처음 법정 원고를 들고 출판사를 찾았던 때가 새삼스럽게 생각납니다. 당초 이렇게까지 장편 시리즈가 될 거라고는 상상도 못했습니다. 그저 한 권만이라도 생활 속의 과학 이야기를 재미있게 담은 책을 낼 수 있었으면 하는 마음이었습니다. 그런 소박한 마음에서 출발한 과학공화국 법정 시리즈는 총 10부까지 50권이라는 방대한 분량으로 제작하게 되었습니다.

과학공화국! 물론 제가 만든 말이지만 과학을 전공하고 과학을 사랑하는 한 사람으로서, 너무나 멋진 이름이었습니다. 그리고 저는 이 공화국에서 벌어지는 황당한 많은 사건들을 과학의 여러 분야와 연결시키는 노력을 해 왔습니다.

매번 에피소드를 만들려다 보니 머리에 쥐가 날 때도 한두 번이 아니었고, 워낙 출판 일정이 빡빡하게 진행되었기 때문에 이 시리즈의 원고를 쓰는 데 솔직히 너무 힘들었습니다. 그래서 적당한 시점에서 원고를 마칠까 하는 마음도 굴뚝같았습니다. 하지만 출판사에서는 이왕 시작한 시리즈니 각 과목 10권씩, 총 50권으로 완성하자고 했고, 저는 그 제안을 수락하게 되었습니다.

하지만 보람은 있었습니다. 교과서에 나오는 과학 내용을 생활 속의 에피소드에 녹여 저 나름대로 재판을 하는 과정에서 마치 제가 과학의 신이 된 것처럼 뿌듯하기도 했고, 상상의 나라인 과학공화국에서 즐거운 상상을 펼칠 수 있어서 좋았습니다.

과학공화국 시리즈를 진행하면서 많은 초등학생과 학부모님들을 만나 이야기를 나누었습니다. 그리고 그들이 저의 책을 재밌게 읽어 주고 과학을 점점 좋아하게 되는 모습을 지켜보며 좀 더 좋은 원고를 쓰고자 노력했습니다.

이 책을 내도록 용기와 격려를 아끼지 않은 자음과모음의 강병철 사장님과 빡빡한 일정에도 불구하고 좋은 시리즈를 만들기 위해 함께 노력해 준 자음과모음의 모든 식구들, 그리고 진주에서 작업을 도와준 과학창작 동아리 'SCICOM' 식구들에게 감사를 드립니다.

진주에서

정완상

## 목차

판사

지치 변호사

어쓰 변호사

# 지구법정의 탄생

과학공화국이라고 부르는 나라가 있었다. 이 나라에는 과학을 좋아하는 사람이 모여 살았다. 인근에는 음악을 사랑하는 사람들이 살고 있는 뮤지오 왕국과 미술을 사랑하는 사람들이 사는 아티오 왕국, 공업을 장려하는 공업공화국 등 여러 나라가 있었다.

과학공화국에 사는 사람들은 다른 나라 사람들에 비해 과학을 좋아했다. 어떤 사람들은 물리를 좋아했고, 또 어떤 사람들은 수학을 좋아하는가 하면 어떤 사람들은 지구과학을 좋아했다. 특히 다른 모든 과학 중에서 자신들이 살고 있는 행성 지구의 신비를 벗기는 지구과학의 경우, 과학공화국의 명성에 맞지 않게 국민들의 수준은 그리 높은 편이 아니었다. 그리하여 지리공화국의 아이들과 과학공화국의 아이들이 지구에 관한 시험을 치르면 오히려 지리공화국 아이들의 점수가 더 높을 정도였다.

특히 최근 인터넷이 공화국 전체에 퍼지면서 게임에 중독된 과학공화국 아이들의 과학 실력은 기준 이하로 떨어졌다. 그러다 보니 자연 과학 과외나 학원이 성행하게 되었고, 그런 와중에 아이들에게 엉터리 과학을 가르치는 무자격 교사들이 우후죽순으로 나타나기 시작했다.

지구과학은 지구의 모든 곳에서 만나게 되는데, 과학공화국 국민들의 지구과학에 대한 이해가 떨어져 곳곳에서 지구과학 문제로 분쟁이 끊이지 않았다. 그리하여 과학공화국의 박과학 대통령은 장관들과 이 문제를 논의하기 위해 회의를 열었다.

"최근 들어 잦아진 지구과학 분쟁을 어떻게 처리하면 좋겠소?"

대통령이 힘없이 말을 꺼냈다.

"헌법에 지구과학 부분을 좀 추가하면 어떨까요?"

법무부 장관이 자신 있게 말했다.

"좀 약하지 않을까?"

대통령이 못마땅한 듯이 대답했다.

"그럼 지구과학에 관한 문제만을 대상으로 판결을 내리는 새로운 법정을 만들면 어떨까요?"

지구부 장관이 말했다.

"바로 그거야. 과학공화국답게 그런 법정이 있어야지. 그래, 지구법정을 만들면 되는 거야. 그리고 그 법정에서 다룬 판례들을 신문에 게재하면 사람들이 더 이상 다투지 않고 시시비비를 가릴 수 있게 되겠지."

대통령은 환하게 웃으며 흡족해했다.

"그럼 국회에서 새로운 지구과학법을 만들어야 하지 않습니까?"

법무부 장관이 약간 불만족스러운 듯한 표정으로 말했다.

"지구과학은 우리가 사는 지구와 태양계의 주변 행성에서 일어나는 자연현상을 다룬 학문입니다. 따라서 누가 관찰하든지 간에 같은 현상에 대해서는 같은 해석이 나오는 것이 지구과학입니다. 그러므로 지구과학 법정에서는 새로운 법을 만들 필요가 없습니다. 혹시 다른 은하에 대한 재판이라면 모를까……."

지구부 장관이 법무부 장관의 말에 반박했다.

"그래 맞아."

대통령은 곧 지구법정 건립을 확정 지었다. 이렇게 해서 과학공화국에는 지구과학과 관련된 문제를 판결하는 지구법정이 만들어지게 되었다. 초대 지구법정의 판사는 지구과학에 대해 많은 연구를 하고 책도 많이 쓴 지구짱 박사가 맡게 되었다. 그리고 두 명의 변호사를 선발했는데, 한 사람은 지구과학과를 졸업했지만 지구과학에 대해 그리 깊게 알지 못하는 지치라는 이름을 가진 40대 남성이었고, 다른 한 명의 변호사는 어릴 때부터 지구과학 경시대회에서 대상을 놓치지 않았던 지구과학 천재인 어쓰였다.

이렇게 해서 과학공화국 사람들 사이에서 벌어지는 지구과학과 관련된 많은 사건들은 지구법정의 판결을 통해 깨끗하게 해결될 수 있었다.

# 제1장

# 지구온난화에 관한 사건

지구 온난화 때문에 극지방은 빙하가 녹아 홍수가 일어났어.

무더위가 언제 왔는지도 모르겠어. 점점 추워지더니 이젠 여름에도 눈이 녹지 않고 쌓이는 이상한 날씨야.

야로록 굶꼬

# 지구온난화는 심각한 재앙이라니까요

지구온난화로 지구에 대홍수와 폭풍우가 빈번해질까요?

"하하하! 저 사람들 진짜 웃긴다."

거실에 앉아 인기 TV 프로그램인 〈개그해〉를 보고 있던 지은이는 배꼽이 빠져라 웃고 있다.

"지은아, 뭘 보고 그렇게 웃는 거니? 엄마 저녁 준비하는 것 좀 도와줘."

"알겠어요. 이것만 보고요."

요즘은 〈개그해〉의 '이러면 되지요~'라는 코너의 인기가 하늘을 치솟고 있다. 이 프로를 통해 온갖 CF와 오락 프로에 출연하면서 톱 개그맨이 된 사람이 있었으니, 김우겨와 이상한이다. 어른,

아이 할 것 없이 많은 사람들이 이 두 사람의 말투를 따라하면서 이들은 방송계의 핫 코드가 되었다.

"찌개 간이 맞아요? 이건 아주 특별한 찌개예요."

지은 엄마는 저녁 식사를 하면서 지은 아빠에게 지은이가 직접 끓인 찌개 맛이 어떠냐고 물었다.

"맛이 있긴 한데, 특별하다니?"

특별하다는 엄마 말에 궁금해진 지은 아빠가 눈을 동그랗게 뜨고 물었다.

"사실은 제가 만든 거예요, 아빠. 제가 처음으로 만든 음식 1호! 맛있다니 정말 기뻐요."

"아니, 이걸 진짜 네가 만들었다고? 하하하! 우리 딸 다 컸구나. 당장 시집가도 되겠어."

"아빠는……."

"하하하!"

"그나저나 여보, 이번 연구는 잘되어 가고 있어요?"

"응, 다음 주 학회에 올릴 논문 작업은 거의 마무리되었어. 걱정 말아요."

지은 아빠는 1년 365일, 더 나은 과학을 위해 열심히 연구하는 과학자이다.

"아, 배불러. 너무 많이 먹었더니 배가 터질 것 같아요."

"어휴~, 우리 공주 살찌겠다!"

"흥, 엄마는. 배부르면 운동하면 되지요~."

"어머, 애가……. 하하하!"

방금 전에 본 개그 프로의 개그맨들처럼 말하는 지은이를 보며 엄마가 웃었다. 하지만 개그 프로를 보지 않는 지은 아빠는 두 모녀가 무엇 때문에 웃는지 전혀 모르겠다는 눈치였다.

"아빠는 꼭 선사시대 사람 같아요. 요즘 이 말투가 얼마나 인기 있는데~."

"아, 그러니? 허허, 나만 너무 고립되어 있는 느낌인걸! 아빠도 이제부턴 센스 있는 아빠가 돼야겠다. 하하하!"

이렇게 지은네는 항상 웃음소리가 넘치는 집이었다.

그로부터 일주일이 지나고, 지은 아빠의 논문 발표도 끝이 났다.

"여보, 논문 마친 거 정말 축하해요!"

"그래 고마워, 여보."

"아빠, 정말 축하해요! 이제 한동안은 복잡한 일 따윈 생각하지 마시고 머리 좀 푹~ 식히세요."

"그래, 그러마. 하하하!"

논문 발표가 끝난 후, 가족끼리 간단한 축하 파티를 열었다.

며칠 후, 집에서 쉬고 있던 어느 날.

"앗! 오늘 화요일이지? 〈개그해〉 봐야겠다~."

"개그해? 누가 개그를 하는데?"

"어우, 아빠는~. 〈개그해〉는 프로그램 이름이에요. 참! 오늘은 아빠도 같이 봐요. 요즘 유행하는 유행어도 알고, 어떤 개그맨들이 인기 있는지 봐요."

"그럼, 그럴까? 요즘은 누가 제일 인기가 많니? 유자식? 강허둥?"

"요즘은 김우겨랑 이상한이 제일 인기가 많아요."

"김우겨? 이상한? 이름도 참 특이하구나."

"아, 저 사람들이에요. 이름도 특이하지만 개그는 더 재미있어요. 저 사람들은 얼굴만 봐도 웃음이 나요."

"그래? 어디 한 번 보자꾸나."

지은이와 지은 아빠는 개그 프로를 함께 보기로 했다.

오늘 이 개그맨들의 개그 주제는 지구온난화에 관한 것이었다. 이 코너를 시작할 때는 그날의 주제를 플래카드에 붙여 보여 주는데, '지구온난화'라는 글자를 본 지은 아빠는 더욱더 흥미를 갖게 되었다.

"요즘 날씨, 진짜 더워서 밖에만 나가면 숨이 턱 막혀요~. 아우~ 나 죽겠네~."

"우겨 씨, 우겨 씨, 더우면 밖에 안 나가면 되~지요~."

"하하하하하!"

"아니, 넌 저 개그가 웃기니?"

개그맨들의 말에 지은이가 데굴데굴 구르며 웃자 아빠는 이해가 안 된다는 얼굴로 지은이에게 물었다. 너무 단순한 개그인데 사람들이 이렇게 재미있어 하다니!

"이게 다~ 지구온난화 때문이라고 하더라고요~. 앞으로 더 더워지면 어떻게 하지요?"

"그럼, 벗고 살면 되~지요~."

"하하하하하!"

지금까지 방청객과 지은이가 웃는 것을 이해하지 못하던 아빠는 결국 이 말을 듣고 화를 참을 수가 없었다.

"저 사람들이! 지구온난화가 단지 더워지기만 해서 위험한 게 아닌데. 저런 어처구니없는 말을 하다니!"

"아빠, 저 사람들은 그저 개그맨들이라고요~. 화내지 마세요~."

"저 사람들이 한 말로 많은 시청자들이 지구온난화에 대해 오해를 할 것 아니냐!"

"그건 그렇지만…… 저 사람들은 작가가 써 준 대본대로 하는 것뿐이에요. 문제가 있다면 작가한테 있는 거지요, 아빠."

"저게 다 작가가 써 주는 개그란 말이니?"

지은이가 말렸지만, 과학자인 지은 아빠는 지구온난화에 대해 이렇게 무식한 발언을 한 개그 작가를 가만히 내버려 둘 수가 없었다.

"여보세요, MBS 〈개그해〉입니다."

"여보세요, 작가 좀 바꿔 주십시오!"

"작가요? 제가 전담 작가입니다만, 무슨 일이시죠?"

"당신이 작가요? 여보시오, 지구온난화는 그저 단순히 날씨만 더워지는 게 아니라 인류에게 더 큰 재앙을 가져올 거요. 그런데 아무리 개그라고 하지만 '더워지면 더위에 견디면 되지요' 라고 해 버리면 그걸 지켜본 사람들이 지구온난화에 대해 경각심을 갖지 않을 것 아니오?"

"네? 저기, 이보세요! 개그는 그저 개그일 뿐이에요. 그렇게 깊게 생각하시면 안 되죠."

지은 아빠는 방송국에 사과 방송을 요구했지만 거절당하자 결국 지구법정에 개그 작가와 방송국을 고소하게 되었다.

지구의 온도가 올라가면
땅과 바다에서 증산작용이 활발해지고 강우량이 많아져
홍수가 일어나거나 심한 눈보라가 치기도 합니다.

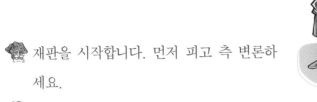

지구온난화는 어떤 재앙을 불러올까요?
지구법정에서 알아봅시다.

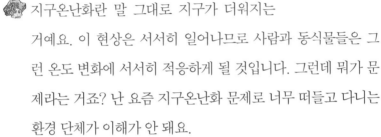

🙂 재판을 시작합니다. 먼저 피고 측 변론하
세요.

😐 지구온난화란 말 그대로 지구가 더워지는
거예요. 이 현상은 서서히 일어나므로 사람과 동식물들은 그
런 온도 변화에 서서히 적응하게 될 것입니다. 그런데 뭐가 문
제라는 거죠? 난 요즘 지구온난화 문제로 너무 떠들고 다니는
환경 단체가 이해가 안 돼요.

😐 그럼 원고 측 변론하세요.

😀 원고인 지은 아빠를 증인으로 요청합니다.

'지구를 살리자' 라는 표어가 새겨진 흰 티셔츠에 청바지를
입은 30대 남자가 증인석에 앉았다.

😀 지구온난화란 지구의 온도가 올라가는 것 아닙니까?

😊 맞습니다.

😀 그럼 개그 내용대로 그 온도에 적응하면서 살면 되지 않나요?

😐 지구온난화는 이렇게 더운 날이 많아지거나 추운 날이 감소하

는 것만을 뜻하지는 않아요.

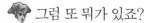 그럼 또 뭐가 있죠?

지구가 온난화되면 지구에 대형 홍수가 일어나거나 심한 눈보라가 몰아치기도 하죠.

왜 그런 일이 일어나는 겁니까?

지구의 온도가 올라가면 땅과 바다에서 증산작용이 활발해집니다. 그래서 강우량이 많아지고, 그로 인해 세계 곳곳에서 홍수와 폭풍우가 빈번해지는 것이지요. 더구나 바다에서 가까운 지역은 바닷물 속에 잠기게 될 것입니다.

정말 살기 힘든 지구가 되겠군요. 그렇죠, 판사님?

판결합니다. 지구온난화가 가져 올 대홍수와 폭풍우 같은 이상 기후가 심히 우려되고 있습니다. 그런데 개그 프로그램에서 이를 가볍게 다루어 자칫 국민들이 지구온난화를 막기 위한 노력을 게을리 하지 않을까 여겨지므로, 원고 측 주장대로 방송국은 사과 방송할 것을 권고합니다. 이상으로 재판을 마치도록 하겠습니다.

 증산작용

호수나 강 또는 바다의 물 표면이 열을 받아 표면의 물 분자가 기체인 수증기로 변하여 위로 올라가는 것을 증산작용이라고 하는데, 이렇게 올라간 수증기는 구름을 만들어 비나 눈이 되어 내려온다.

재판이 끝난 후, 방송국 측은 개그 프로그램 말미에 '지구온난화에 대해 고민 없이 가볍게 다룬 점을 사과드립니다'라는 자막을 내보냈다. 그리고 이어서 〈지구온난화의 비극〉이라는 스페셜 다큐멘터리를 방영했다.

# 남극이 녹아 지구가 바다가 될 거예요

지구온난화로 남극이 녹으면 어떤 일이 발생할까요?

나똑똑은 잘난 척 대마왕으로 미나의 10년 지기 친구이지만, 미나는 도저히 그 아이를 좋아할 수가 없다. 물론 미나도 그 애를 안 지 얼마 되지 않았을 때 그 애가 무척 멋있다고 생각했었다. 초등학교 3학년 밸런타인데이에 미나가 얼마나 멍청한 짓을 했었는지……. 미나는 밸런타인데이 전날 정말 열심히 초콜릿을 만들었다. 그 무렵 미나는 똑똑이에게 반해서 똑똑이가 하는 말과 행동 모두 너무 멋있게 보였던 것이다.

"똑똑아, 이거 너 주려고 내가 어제 밤늦게까지 만든 초콜릿

이야."

미나가 똑똑이에게 초콜릿을 전해 주는 순간 반 아이들은 환호성을 질렀다. 미나는 부끄러워 얼굴이 빨개진 채 고개를 숙였다. 그렇게 몇 분이 흘렀을까. 초콜릿은 여전히 미나의 손에 있었다. 당황한 미나가 고개를 들어 똑똑이를 쳐다봤다.

"야, 너는 밸런타인데이에 초콜릿을 주는 게 좋다고 생각하니? 너는 지금 기업의 상술에 놀아나고 있는 거야. 기업들이 초콜릿을 팔아먹기 위해 밸런타인데이를 만든 건데, 그것도 모르고 밸런타인데이에 정말 초콜릿을 주다니…… 어이구, 멍청하긴!"

초등학교 3학년이었던 미나의 귀에는 기업이니 상술이니 하는 말들은 들리지 않았다. 다만 귓가에 맴도는 말은 '멍청하긴, 멍청하긴, 멍청하긴, 멍청하긴'이었다.

"그래, 나 멍청해. 에잇!"

미나는 초콜릿을 똑똑이의 얼굴에 냅다 던져 버렸다. 자기 얼굴만 한 초콜릿 상자에 얻어맞은 똑똑이는 그대로 꽈당 넘어졌다. 잠시 후 그가 몸을 일으켜 세우는 순간 그의 코에서는 피가 흐르고 있었다. 똑똑이는 화가 나서 미나를 향해 달려왔고, 미나는 슬리퍼를 벗어 던진 채 복도를 뛰기 시작했다. 그러다가 갑자기 발이 뒤엉키는 바람에 넘어지고 말았고, 다음 날 다리에 깁스를 하고 학교에 나왔다. 미나는 아픈 발을 이끌고 학교에 오면서 언젠가는 똑똑한 척하는 똑똑이의 가면을 반드시 벗겨 버리고 말리라 맹세했다.

그로부터 10년이 지난 지금, 두 사람은 같은 대학 지구과학과에 다니고 있다. 똑똑이는 여전히 앞장서서 똑똑한 척하는 학생이었고, 미나는 그런 그를 늘 주시하고 있었다. 미나는 10년이라는 세월 동안 한결같이 똑똑이가 실수하기만을 기다렸다. 10년 전 밸런타인데이에 받은 상처 때문이었다.

"똑똑아, 오늘 라면 먹으러 안 갈래?"

"너, 라면 스프가 얼마나 몸에 안 좋은 줄 모르니?"

"야, 너처럼 생각하면 세상에 먹을 것 하나도 없겠다. 넌 도대체 뭐 먹고 사니? 너 혹시 과자는 먹니?"

"과자? 내가 왜 그런 걸 먹어. 난 유기농 채소만 먹는다고. 그냥 채소 말고 반드시 유기농이어야 해."

지금까지 이런 대화를 나눴다고 생각해 보면 미나가 10년 동안 얼마나 많이 쌓였는지 짐작할 수 있을 것이다.

그러던 어느 날, 교수님이 똑똑이를 불렀다.

"똑똑 군, 나는 자네가 매우 영리하다는 말을 들었네. 며칠 뒤에 지구온난화에 관한 학회가 있을 걸세. 거기서 발표할 학생을 한 명 추천해 달라는 부탁을 받았는데, 난 자네를 추천하고 싶네. 어떤가? 자네, 지구온난화 현상에 대해 한번 준비해 보겠나?"

교수님의 추천을 받은 똑똑이는 날아갈 듯이 기뻐했다. 하지만 그보다 더 기뻐하는 사람이 있었으니, 바로 미나였다. 미나는 똑똑이의 모습을 보며 드디어 행동 개시의 날이 다가오고 있음을 느꼈다.

그 다음 날부터 똑똑이는 도서관에서 한 발짝도 움직이지 않았다.

'후훗! 나똑똑, 너 각오하는 게 좋을걸! 푸히힛!'

드디어 학회가 열리는 날. 나똑똑은 포부도 당당하게 단상 위로 올라갔다.

"안녕하세요, 저는 ○○대학 지구과학과에 재학 중인 나똑똑이라고 합니다. 이번에 교수님의 추천을 받아 영광스럽게도 이 자리에 섰습니다. 저는 지구온난화 현상의 위험성에 대해 생각해 봤습니다. 시간이 흐를수록 지구온난화 현상은 더욱더 심각해지고 있습니다. 만약 이와 같은 속도로 지구온난화 현상이 진행된다면 남극은 분명 녹아 버릴 것입니다. 그럼, 과연 남극이 녹으면 어떻게 될까요? 남극이 녹으면 바다의 수면이 높아지면서 대륙을 뒤덮게 될 것입니다. 즉 대륙이 바다에 잠기게 되는 것이죠. 지구온난화 현상은 이렇듯 무서운 결과를 초래하게 될 것입니다."

그때 미나가 벌떡 일어나서 말했다.

"저는 나똑똑 군의 주장에 이의를 제기합니다. 남극이 녹아 봐야 얼마나 녹는다고 바다의 수면이 올라갑니까? 바다가 얼마나 크기에 대륙을 덮겠습니까? 나똑똑 군은 뭔가 잘못 알고 있는 것 같습니다."

　그 순간 발표장 여기저기서 술렁거리기 시작했다. 나똑똑의 얼굴은 붉어졌지만 눈은 여전히 빛나고 있었다.

　"방금 저에게 이의를 제기해 주신 분, 남극이 녹아 봐야 얼마나 녹냐고요? 후후, 그렇다면 우리 지구법정에 의뢰해 보도록 하죠."

　미나는 똑똑이의 눈빛을 보는 순간 섬뜩한 기분이 들었다.

1995년 남극의 '라센 A'라는 빙하가 녹은 적이 있고,
1998년에는 근처의 윌킨스 빙하가 녹아내렸습니다.
이어 2002년 초에는 부피가 3250km³인 '라센 B' 빙하가
녹아 쪼개지면서 수많은 빙산이 생겨났습니다.

## 여기는 지구법정

지구온난화로 남극이 녹으면
어떤 일이 벌어질까요?
지구법정에서 알아봅시다.

재판을 시작합니다. 피고 측 변론하세요.

지구는 4분의 3이 바다입니다. 지구온난화
로 인해 남극이 녹을 수는 있지만, 그래봐
야 바다 수면이 얼마나 올라가겠습니까? 그저 해안가 땅이 조
금 줄어들 텐데, 그건 인류가 아이를 적게 낳아 인구가 줄어들
면 해결될 문제 아닐까요? 그러므로 나똑똑 군의 발표는 비약
이 조금 심하지 않았나 생각합니다.

원고 측 변론하세요.

지구온난화 연구소에서 남극 관련 연구를 하고 있는 지남극
연구원을 증인으로 요청합니다.

얼굴이 차가워 보이는 30대 남자가 증인석으로 성큼성큼
걸어 들어왔다.

증인이 하는 일은 뭐죠?

지구온난화와 남극과의 관계를 연구하고 있습니다.

정말 지구온난화로 남극이 녹아 버리면 지구에 큰 위기가 닥

칠까요?

 그렇습니다.

 구체적으로 말씀해 주십시오.

 지구온난화가 계속되면 남극 대륙의 빙하가 녹게 됩니다.

 실제로 최근에 남극의 빙하가 녹은 적이 있나요?

 그렇습니다. 1995년 남극의 '라센 A'라는 빙하가 녹은 적이 있고, 1998년에는 근처의 윌킨스 빙하가 녹아내렸습니다. 이어 2002년 초에는 부피가 3250km³인 '라센 B' 빙하가 녹으면서 쪼개졌는데, 이때 수많은 빙산이 생겨났지요.

 벌써 지구온난화가 시작되었군요.

 그렇습니다. 최근 5년간 매년 152km³의 남극 빙하가 녹아내리고 있습니다. 이렇듯 1년에 남극 152km³가 녹으면 전 세계 해수면 0.4mm 올라가게 됩니다. 그러니까 100년이면 4cm, 1000년이면 40cm, 10000년이면 4m가 높아져 많은 육지가 바다에 잠기게 되지요.

 증인 말씀 잘 들었습니다. 지구의 온난화로 남극이 점점 녹아 물이 되면, 지구에 끔찍한 일이 닥친다는 것을 증인의 말을

 남극

남극은 남위 60° 아래의 지역을 말하며 남극대륙의 크기는 섬과 빙붕 등을 합쳐서 약 1400만km²이다. 남극대륙의 탐험은 18세기 말 이래 많은 탐험가에 의해 이루어져 왔다.

통해 알게 되었습니다. 그러므로 나똑똑 군의 발표에는 아무 문제가 없다고 판결합니다. 이상으로 재판을 마치도록 하겠습니다.

　재판이 끝난 후, 미나는 똑똑이에게 사과했고, 이후 두 사람은 두터운 우정을 나누게 되었다.

# 모기가 너무 많아졌잖아요

지구온난화로 인해 모기가 증가할까요?

이슬 아빠는 유치원에 다녀 온 이슬이를 보고 깜짝 놀랐다.

"이슬아, 너 얼굴이 왜 그렇게 울긋불긋하니? 혹시 또 복숭아 먹은 거야? 아빠가 너 복숭아 알레르기 있으니까 먹지 말라고 했잖아. 저번처럼 또 앰뷸런스에 실려 가야 정신 차리겠니? 어이구!"

"아빠, 나 복숭아 안 먹었어요. 모기한테 물린 거야."

"뭐? 모기가 우리 이슬이 얼굴을 이 지경으로 만들었어? 세상에, 너 얼굴만 물린 거야? 이슬이 얼굴 피가 특별히 맛있나?"

"아빠, 나 얼굴만 물린 거 아냐. 얼굴에 20군데 정도 물리고, 여기 봐, 다리엔 30군데나 물렸잖아."

아빠는 이슬이 다리를 보는 순간 입을 다물지 못했다.

"아이고, 이놈의 모기가 우리 딸 다리를 저렇게 만들어 놨네, 아이고!"

이슬 아빠는 속상해서 견딜 수가 없었다.

"그러게 아빠가 깨끗이 씻고 다니랬잖아. 이슬이 도대체 언제 씻었어?"

"세수는 일주일 전에 했고, 샤워한 지는 한 달 정도밖에 안 된 것 같은데."

"뭐? 한 달? 이 여름에 한 달이라고? 너 어제도 아빠가 샤워하라고 해서 욕실에 들어갔잖아. 그런데 왜 샤워 안 했어?"

"아, 그냥 변기에 앉아서 동화책 읽었어요. 호호!"

"윽! 내 딸이지만 이거 너무 더럽군. 여름에 한 달씩이나 샤워를 안 하다니. 왕이슬, 얼른 가서 당장 샤워해! 샤워하고 나서 엄마한테 꼭 모기약 발라 달라고 해. 긁으면 절대 안 된다."

이슬이를 보며 속이 상할 대로 상한 이슬 아빠는 당장 마을 회관으로 뛰어갔다. 마을 회관 안에는 많은 사람들이 더위를 피해 쉬고 있었다.

"이봐, 우리 모기 없애기 운동 전개하는 게 어때?"

"갑자기 무슨 뚱딴지같은 소리야? 모기 없애기 운동이라니? 에프킬라 들고 다니면서 거리에다 뿌려 대는 운동이야?"

"에프킬라는 무슨…… 마을 전체에 소독약을 쫙 뿌리면 될 것 아닌가? 아무튼 모기 없애기 운동에 동참할 사람 어디 손 한번 들어 봐. 손 드는 사람 내가 오늘 우리 집 대청마루에서 거하게 한턱 쏜다."

그 말에 마을 회관 안에 있던 사람들 대부분이 손을 들었다.

"히히, 그럼 손 든 사람들 모두 모기 없애기 운동에 참여하는 거야. 그럼 이번 모임에 내가 회장을 하도록 하지. 자, 이렇게 모임도 만들어지고 했으니 이름을 정해야겠는데, 무슨 좋은 의견 있나?"

"음, 모기의 적은 파리니까 '파리파'는 어떤가?"

"파리가 모기의 적이었어? 난 파리가 모기 친구인 줄 알았는데?"

"그럼 '에프킬라파'는 어떤가?"

"오, 그거 좋다. 에프킬라파! 에프킬라 칙칙! 이제부터 우리 모임은 모기 없애기 운동을 하는 단체야. 자, 다들 우리 집으로 가세. 내가 집사람한테 닭 여러 마리 잡으라고 미리 전화해 놓겠네."

마을 회관에 있던 사람들은 좋아하며 이슬 아빠를 따라나섰다. 그들은 이슬네 대청마루에서 푹 삶은 닭다리를 뜯어 먹었다. 쫄깃쫄깃한 살이 입 안에서 살살 녹았다.

"어때, 맛이 좀 있는가?"

"아이고, 내가 태어나서 이렇게 맛있는 닭고기는 처음 먹어 보네."

사람들마다 맛있다고 아우성이었다. 그들은 집에 갈 생각은 하지 않고, 부른 배를 두드리며 아예 이슬이네 대청마루에 대자로 뻗어 자 버렸다.

다음 날 아침, 마을 사람들은 한 명씩 눈을 비비며 일어나더니 서로의 얼굴을 보며 웃기 시작했다.

"이 양반 얼굴이 왜 이래? 어디 벌통 쑤시다가 온 거야?"

"하하, 당신 얼굴은 어떻고? 얼굴이 완전 모기 밥이 되었는걸. 악, 설마 내 얼굴도 그런 거야?"

대청마루에서 그대로 뻗어 잠들었던 마을 사람들은 온몸과 얼굴이 온통 모기에게 물려 울긋불긋하였다.

"안 되겠어. 우리 세 시간 뒤에 마을 회관에서 만나세. 오늘 첫 회의를 시작하자고!"

사람들은 마을회관에서 만나기로 약속을 하고 각자 집으로 돌아갔다.

세 시간 뒤, 이슬 아빠는 양복을 빼입고 마을 회관으로 향했다.

'아무리 그래도 내가 회장인데, 이 정도는 입어 줘야 되지 않겠어? 히히!'

이슬 아빠가 마을 회관 문을 여는 순간, 마을 회관 안에는 겨우 다섯 명 정도만 모여 있었다.

"아니, 왜 이것뿐이에요? 어젯밤 우리 집에서 닭 먹은 사람은 서른 명도 넘는데, 왜 다섯 명만 온 거예요? 아직 다들 오고 있는 중인가?"

그렇게 이슬 아빠와 다섯 명은 마을 사람들을 한 시간이나 기다렸지만 아무도 오지 않았다. 이슬 아빠는 화가 치밀었지만 그대로 회의를 진행하기로 했다.

"그럼 '에프킬라파' 제1회 모임을 시작하도록 하겠습니다. 오늘 주제는 '모기가 점점 더 많아지는 이유와 해결책'입니다. 각각 의견을 내 보도록 하세요."

"저는 이슬이 아랫집에 사는 노총각이라고 합니다. 점점 더 모기가 많아지는 이유는 모기들이 결혼을 많이 해서 그런 것 아닐까요? 그러니 생식이 활성화되면서 자손 번식이 많아지는 것 아니겠습니까?"

노총각의 말을 들은 마을 사람들은 배꼽을 잡고 웃었다. 그때 까만 안경을 쓴 남자가 손을 들었다.

"안녕하세요? 저는 한 달 전 이 마을로 이사 온 생물학 박사올시다. 제 생각엔 최근 모기가 점점 더 많아지고 있는 이유가 아무래도 지구온난화로 인한 이상 기후와 관련이 있는 것 같습니다. 하지만 확실한 게 아니니 지구 환경 학회에 연락을 해서 이 문제에 대해 같이 논의해 봤으면 좋겠습니다."

"오, 그럼 지금 당장 지구 환경 학회에 연락을 하도록 하죠."

'뚜르르르, 뚜르르르……'

"안녕하십니까, 거기 지구 환경 학회죠? 저희는 모기 없애기 운동 단체인 '에프킬라파'입니다. 최근 모기가 많아지는 이유가 지구온난화로 인한 이상 기후와 관련이 있는 듯하여 이 문제를 논의하고 싶어 전화 드렸습니다."

"어머머, 그게 왜 저희 지구 학회 일이에요? 모기에 대한 거라면 생물 학회 곤충 분과 일이죠. 그쪽으로 연락해 보세요."

"아니, 원인이 지구온난화로 인한 이상 기후인 듯하니 지구 환경 학회와 논의하는 게 좋을 것 같습니다."

"이것 보세요, 그 문제는 생물 학회 곤충 분과쪽이랑 의논하시라니까요. 안 그래도 바빠 죽겠는데. 찰칵!"

지구 환경 학회의 성의 없는 태도에 화가 난 에프킬라파는 그날 당장 지구법정으로 달려가 지구 환경 학회를 고소하였다.

지구가 온난화되면 높은 온도 때문에
학질모기가 활발하게 활동하고,
가뭄이 계속되면 모기는 이동하지 않고
한자리에서 번식을 합니다.

지구온난화와 모기의 증가가
서로 관련 있을까요?
지구법정에서 알아봅시다.

재판을 시작합니다. 피고 측 변론하세요.

모기의 증가는 주위가 지저분하거나 음식
물 쓰레기가 방치되어서 생기는 일입니다.
그런데 지구의 기온이 높아지는 것과 모기의 증가가 무슨 관
련이 있다고 하는지 정말 이해가 되지 않습니다. 그러므로 이
사건은 생물법정에서 다룰 것을 건의합니다.

일단 원고 측 얘기를 들어 봅시다.

최근에 지구온난화와 곤충에 대한 논문을 발표한 버러지 박사
를 증인으로 요청합니다.

몹시 꾀죄죄해 보이는 옷을 입은 50대 남자가 증인석으로
들어왔다.

모기가 점점 많아진다는 게 사실인가요?

그렇습니다. 모기는 말라리아, 황열병, 각종 뇌염 등 나쁜 질
병을 옮기는 해로운 곤충으로, 지금도 가난한 나라에서는 하
룻밤에 수천 명이 모기 때문에 죽고 있습니다. 이 중 말라리아

는 과거엔 고위도 지방에서 잘 생기지 않았지만, 지금은 남유럽, 러시아, 한반도, 남아프리카 인도양을 중심으로 다시 생겨나고 있습니다.

왜 다시 생기는 거죠?

지구온난화 때문입니다.

그것들이 무슨 관계가 있는 거죠?

지구온난화는 말라리아가 전염되기 아주 좋은 조건입니다. 16°C를 넘는 온도가 오랜 기간 지속되면 치명적인 말라리아 병원체인 열대성 말라리아를 전염시키는 학질모기가 활발하게 활동합니다. 겨울이 다가오면 모기는 더욱 빠르게, 더욱 자주 알을 낳습니다. 그리고 더워진 기후에서 기생충은 모기 몸에서 충분히 자라 모기가 죽기 전에 2배로 커져 분열을 통해 번식하지요. 그리고 홍수나 가뭄 같은 날씨도 말라리아 번식을 증가시킵니다. 지구온난화로 가뭄이 계속되면 모기는 이동을 하지 않고 한자리에서 번식을 하지요.

정말 지구온난화 때문에 별일이 많이 생기는군요. 그렇죠, 판사님?

판결하겠습니다. 모기가 많이 생기고 모기의 활동이 활발해져 사람들에게 각종 질병을 옮기는 주원인이 지구온난화라는 것이 밝혀졌습니다. 그러므로 지구온난화를 막기 위해 별다른 노력을 하지 않은 지구 환경 학회에 책임이 있다고 판결합

니다. 이상으로 재판을 마치도록 하겠습니다.

재판이 끝난 후, 에프킬라파는 지구 환경 학회에 지구온난화 대책을 강구하라고 촉구했고, 결국 지구 환경 학회는 지구온난화 대책을 발표하게 되었다.

**황열병**

황열병은 바이러스가 있는 모기에게 물렸을 때 감염된다. 예전에는 남아메리카에서 많이 발견되었지만 최근에는 아프리카 사하라 사막 남쪽에서 많이 발견되고 있다.

# 지구가 더워서 쌀과 밀이 줄었잖아요

지구온난화가 식량 생산량을 줄어들게 할까요?

사건속으로

"인도와 방글리, 양국의 대표가 악수를 하며 웃고 있습니다. 드디어 쌀과 밀의 협상이 이루어진 것 같습니다. 축하합니다. 이상, 인도에서 엠보씨 뉴스 신정환이었습니다."

이 뉴스를 보고 있던 인도 대표 간다라가 쓴웃음을 지으며 말했다.

"아니, 저건 어제 있었던 일인데 왜 오늘 뉴스에 방송되는 거야? 거참, 우리나라 행동 느린 건 알아줘야 한다니까. 그런데 여보, 내 얼굴이 왠지 커 보이지 않소? 이거 얼굴만 살이 쪘나?"

"얼굴만 살이 찐 게 아니라, 당신 협상 전날 라면 세 그릇 먹고 바로 잤잖아요. 내가 다음 날 정상회담 있다고 그렇게 말렸는데도 끝 끝내 먹더니…… 호호, 자기 얼굴 정말 크네. 한 나라의 정상이 자기 얼굴 하나 조절 못하고! 신경 좀 써요."

"휴! 한 나라의 정상이면 먹고 싶은 라면도 마음대로 못 먹나? 자기는 정상 부인이라는 사람이 만날 얼굴에만 신경 쓰고. 화장대에 있는 화장품 좀 봐, 어디 화장품 가게 하나 차려도 되겠네. 자기, 저게 무슨 협상인지 알기나 해?"

"어머! 내가 저게 무슨 협상인지도 모를까 봐요? 우리 인도를 위해 자기가 정말 큰일을 했잖아요. 이제부터 싸, 싸리 빗자루를 방글리에 수출하기로 했다고 했었나?"

"아이고, 내가 말을 말아야지. 이제부터 우리 인도가 방글리에 쌀과 밀을 수출하기로 협상했잖아. 그 덕분에 우리 인도가 이제 세계 정상의 위치에 올라서게 되는 거라고. 알아?"

"호호! 나도 알아요."

간다라는 적도 부근에 있는 나라 인도의 정상이다. 하지만 그가 정상이 되기까지 그는 정말 고난의 날들을 보내야 했다.

그는 어린 시절 너무 가난해서 집에 먹을 것이 없었다. 간다라의 아버지 간디는 일찍 돌아가시고, 어머니 혼자 남의 집 일을 하며 바느질로 생계를 이어 갔다. 간다라는 형제만 해도 여섯 명이었다. 어린 간다라에게는 먹을 것, 입을 것, 그 어느 것 하나도 풍족한 것이 없었다.

그러던 어느 날 간다라에게 뜻밖의 행운이 찾아왔다. 한국 군인들이 인도에 왔다가 '두더지 게임기'를 두고 간 것이다. '두더지 게임기'는 동전을 넣은 뒤 기계 옆에 줄로 연결된 뿅망치를 가지고 튀어나오는 두더지의 머리를 때리면 점수가 올라가는 게임이다. 간다라는 형제들과 힘을 합쳐 '두더지 게임기'를 자기 집 앞으로 가져 왔다.

그 당시 간다라의 어머니는 집에서 시원한 음료수와 팥빙수를 만들어 봉지에 담아 지나가는 사람들에게 팔고 있었다. 그런데 이 '두더지 게임기'를 집 앞에 놓아두자 많은 사람들이 몰려들기 시작했다.

예전 같으면 음료수를 사러 온 사람들이 줄을 서 있으면 그냥 가 버리곤 했는데, 게임기를 두고 나서부터는 두더지 게임을 하며 기다리는 것이다. 두더지 게임기는 그 지역에서 점점 더 유명해져 두더지 게임을 하러 일부러 간다라의 집을 찾는 사람도 있을 정도였다. 그러니 두더지 게임기 동전함은 금방 차서 하루에 몇 번씩 비우지 않으면 안 되었다.

간다라와 식구들은 그렇게 큰돈을 벌었고, 마침내 하고 싶던 공부를 할 수 있게 되었다. 어느 날 밤, 화가 난 이웃 마을 음료수 가게 주인이 간다라 집 앞에 와서 두더지들의 머리를 망치로 모두 박살내기 전까지 그들은 행복했다.

하지만 그들은 좌절하지 않았다. 그때부터 6형제는 인간 두더지가 되어 바가지를 뒤집어쓰고 인간 두더지 게임기가 되었다. 이처럼 간다라 식구들의 악착같은 모습이 지금의 간다라를 만들어 놓았던 것이다.

그 뒤 간다라는 열심히 공부하여 인도의 유명한 변호사가 되었고, 마침내 큰 표 차이로 인도 정상의 자리에 오르게 된 것이다.

간다라는 총리가 된 후, 인도를 위해 정말로 많은 일들을 해 왔다. 인도의 심각한 계급 차이를 없애려고 노력했으며, 인도의 경제 성장을 위해 최선을 다했다. 이번 인도와 방글리의 쌀과 밀 수출 협약 역시 인도에 큰 경제적 이익을 가져다주었다.

인도 국민들은 이처럼 인간적이고 열정적으로 최선을 다하는 간다라 총리를 사랑하고 존경하지 않을 수 없었다.

인도-방글리 쌀, 밀 수출 협약이 있은 지 1년 후, 수출관리부 장관이 간다라를 방문했다.

"오, 수출 장관, 어쩐 일이오?"

"각하, 작년에 한 인도-방글리 쌀과 밀 수출 협약을 기억하십니까?"

"당연히 기억하지. 자신의 업적을 기억 못하는 바보도 있소?"

"요즘 저희 인도에서도 쌀과 밀의 생산량이 점점 줄어들고 있습니다. 또한 방글리에 수출하는 쌀과 밀의 양도 조금씩 감소하고 있습니다. 그래서 조금 전 방글리의 담당 장관이 연락을 해 왔습니다.

이처럼 양이 계속 감소한다면 저희와 거래를 그만두고 다른 나라와 거래를 시작하겠답니다."

"아니, 그건 억지 아니오? 분명히 작년에 내가 방글리와 계약을 맺을 때 쌀, 밀 수출 수입 협약을 50년간 맺기로 했는데, 어떻게 자기들 멋대로 계약을 어길 수 있단 말이오? 지금 당장 방글리 담당 장관과 연결하시오."

'뚜르르르, 뚜르르르……'

"당신이 방글리 담당 장관이오? 나 인도 총리 간다라요. 거두절미하고, 인도와 방글리는 쌀, 밀 수출 수입 협약을 50년간 맺기로 했는데 왜 당신들 마음대로 그만두겠다는 것이오?"

"간다라 총리님, 지금 인도에서 저희 쪽으로 보내는 쌀과 밀의 양이 점점 적어지고 있습니다. 그 이유가 뭐라고 생각하십니까?"

"그 이유? 그건 지구가 점점 더워져서 그런 것 아니오?"

"하하하! 지구가 더워지는데 왜 쌀과 밀의 생산량이 줄어듭니까? 그건 바로 당신네들이 게을러서 쌀과 밀의 생산량이 줄어든 것입니다. 당신들이 그렇게 게으름 피우며 일을 하는데 우리가 좋게 봐줄 것 같습니까? 어림없습니다. 총리님, 저희보고 계약 어겼다고 하지 마시고 자국 국민들을 탓하십시오."

"뭐라고? 만일 협약을 어긴다면 우린 당신을 지구법정에 고소할 것이오. 나 간다라의 명예를 걸고 말이오. 알겠소?"

"어디 한번 마음대로 해 보시오."

결국 인도는 방글리를 지구법정에 고소하게 되었고, 며칠 뒤 인도 간다라 총리와 방글리 수출 장관은 법정에서 만나게 되었다.

이산화탄소가 많아지면 식물이 잘 자라지만,
거대한 잡초들도 더욱 많아지게 됩니다.
쌀과 밀은 이 잡초에게 영양분을 빼앗기고 맙니다.

여기는 **지구법정**

지구온난화와 식량 생산량은
어떤 관계가 있을까요?
지구법정에서 알아봅시다.

🧑‍⚖️ 재판을 시작합니다. 먼저 피고 측 변론하
세요.

🐶 지구가 더워지면서 쌀과 밀의 양이 줄어
든다고 주장하는 것은 억지입니다. 그러므로 이번 사건은
인도가 생산을 게을리 해서 쌀과 밀의 생산량이 줄어들어
비롯된 사건이므로 방글리에서 협약을 취소할 수 있다고 주
장합니다.

🐶 원고 측 변론하세요.

🐶 지구온난화 연구소의 배고파 식량 담당 연구원을 증인으로 요
청합니다.

　몸이 깡말라 몇 끼 굶은 것 같아 보이는 40대 남자가 증인
석에 앉았다.

🧑‍⚖️ 증인이 하는 연구는 뭐죠?

🧑 지구온난화가 식량 생산에 미치는 영향을 연구하고 있습니다.

🧑‍⚖️ 지구온난화와 식량 생산은 어떤 관계가 있죠?

 지구온난화는 온실가스인 이산화탄소가 증가하기 때문에 발생합니다.

 그렇다면 이상하군요. 이산화탄소는 식물의 호흡에 필요한 기체이므로 이산화탄소가 많으면 식물이 더 잘 자라야 하는 것 아닌가요?

 그렇지 않습니다. 이산화탄소가 많아지면 식물의 호흡이 빨라지므로 식물이 잘 자라지만, 이와 함께 거대한 잡초들도 많아지게 됩니다. 이들 잡초가 식물들에게 필요한 영양분을 가로채고, 지구온난화로 홍수나 가뭄 같은 기상 이변이 자주 발생하므로 쌀과 밀의 생산량은 줄어들게 됩니다. 지금도 벌써 지구온난화 때문에 쌀과 밀의 생산량이 전보다 줄어들어 그것들의 가격이 오르고 있다고 합니다.

 그렇군요. 좋은 말씀 감사합니다.

 그럼 판결하겠습니다. 오늘 우리는 지구온난화로 인해 쌀이나 밀의 생산량이 감소하는 추세에 있다는 것을 확인할 수 있었습니다. 지구온난화는 인도만의 책임이 아니므로 이로 인해 쌀과 밀의 생산량이 줄어든 것에 대해 인도 측에만 책임을

 이산화탄소

이산화탄소는 탄소 원자 1개에 산소 원자 2개가 결합한 기체이다. 열을 잘 흡수하는 성질이 있는 온실기체이고, 지구의 온도 상승을 일으키는 기체이다.

지우는 것은 무리가 있다고 봅니다. 하지만 이미 협약된 부분에 대해서는 인도 측에서 책임을 지고, 다음부터는 지구온난화에 따라 감소된 생산량으로 협약하기 바랍니다. 이상으로 재판을 마치도록 하겠습니다.

재판이 끝난 후, 인도와 방글리 두 나라 사이에는 매년 밀과 쌀의 생산량을 점점 줄이는 협약이 체결되었다.

# 영화 〈지구온난화가 찾아왔다〉

지구온난화가 지구를 빙하기로 만들 수 있을까요?

시네마뽕은 세계적으로 유명한 영화사이다. 시네마뽕 대표이사는 애교머리 마동표 사장으로, 할리우드 스타들도 그에게 잘보이기 위해 안간힘을 쓴다. 마동표 사장이 할리우드 거리에 한번 떴다 하면 그날 할리우드 거리는 연예인들로 북새통을 이룰 정도이다.

"어이쿠, 마동표 사장님, 왜 이렇게 오랜만에 할리우드에 오셨어요? 제가 마동표 사장님을 얼마나 보고 싶어 했는지 아세요?"

"오, 빵 피트! 정말 오랜만이군. 그래 잘 지냈나?"

"저야 사장님 덕분에 잘 지내죠. 지난번 사장님께서 저를 영화에 써 주셔서 제 몸값이 몇 배나 뛰었잖아요. 하하, 그래서 말씀인데요, 사장님께서 이번에 〈해리포럴〉 영화를 준비하고 계신다는 소리를 들었습니다. 어떻게 제가 주인공이……."

"이것 봐, 빵 피트! 〈해리포럴〉 주인공은 40대가 아니야. 10대라고! 자네 몸무게로 빗자루 타고 날아다닐 수 있겠나?"

"아이고, 마동표 사장님! 그럼 10대는 빗자루 타고 날아다닐 수 있나요? 그런 게 다 피아노 줄 연결해서 촬영하는 거 아닙니까?"

"쉿! 조용히 해. 대부분의 사람들이 모르고 있으니 말이야. 내가 〈해리포럴〉 다음 작품으로 미래의 지구에 대한 영화를 하나 제작할까 하는데, 오늘 할리우드에 온 이유도 그것 때문일세. 시나리오가 정해지는 대로 내 자네를 부르지."

"아이쿠, 사장님 감사합니다. 제발 저 좀 꼭 불러 주십시오."

마동표 사장은 거드름을 피우며 그 자리를 떠났다. 마동표가 가는 곳마다 연예인들이 몰려들었다. 마동표는 할리우드에서 가장 큰 빌딩 '시네마뽕 할리우드 지점'으로 들어갔다.

"안 비서, 시나리오 들어온 것 몇 개 정도 되나?"

"사장님, 저 팩스 소리 좀 들어 보세요. 한 달 동안 시끄러워 제대로 업무도 못 했습니다. 팩스, 우편 다 합쳐서 40만 개 정도 됩니다."

"아니, 그렇게 많아? 어휴, 그걸 내가 어떻게 다 읽어? 그냥 자네가 괜찮은 작품으로 다섯 편 정도 골라 주게."

그때 누군가 큰 소리로 마동표 사장을 불렀다.

"사장님, 사장님~ 안에 계십니까? 저 금국가입니다. 찾아뵙고 드릴 말씀이 있어서 이렇게 왔습니다. 마동표 사장님~~."

"안 비서, 저렇게 시끄럽게 떠드는 금국가라는 작자가 누구야?"

"아, 사장님 죄송합니다. 사장님이 자리를 비우신 한 달 동안 저렇게 매일 와서 사장님을 찾았답니다. 끌려 나가면 또 들어오고, 끌려 나가면 또 들어오고. 정말 귀찮아 죽겠습니다. 지금 당장 내보내겠습니다."

마동표 사장은 잠시 생각하는 것 같더니 금국가를 안으로 데려오라고 시켰다.

"자네, 여기가 어디라고 시끄럽게 난동을 부리는가? 도대체 자네는 누군가?"

"마동표 사장님의 명성은 익히 들어 알고 있습니다. 할리우드에서 유명한 악덕, 아니 최고의 영화사 '시네마뽕' 사장님이시죠? 저는 시나리오 작가 금국가입니다. 특히 과학 시나리오를 잘 쓰죠. 제가 제 시나리오를 읽어 달라고 팩스로 보내 봤자, 어디 바쁘신 사장님께서 제 시나리오를 읽어 보기나 하겠습니까? 그래서 제가 이렇게 직접 가지고 왔습니다. 한 번 읽어 봐 주십시오."

마동표는 금국가의 배짱에 감탄하며 시나리오를 건네받았다.

'지구온난화로 남극이 녹으면서 지구에 강추위가 찾아온다. 그래서 모든 나라가 꽁꽁 얼어붙는다.'

"오, 금국가 작가, 실력 괜찮네. 세트장만 잘 설치해서 스펙터클하고 박진감 넘치게 만들면 이 영화 대박 나겠는걸."

"하하, 마동표 사장님, 제가 자신 없었으면 이렇게 사장님 찾아뵙지도 않았습니다. 이 금국가를 한번 믿어 주십시오."

"오케이~ 좋아! 그럼 우리 둘이 힘 합쳐서 대박 영화 한번 만들어 보자고. 혹시 주인공으로 점찍어 둔 배우가 있는가?"

"아무래도 주인공은 박력 있고 연기력을 인정받는 스타가 해야하지 않겠습니까? 영화가 흥행에 성공하려면 세 가지 조건이 필요하죠. 돈, 시나리오 그리고 스타입니다. 돈은 우리 마동표 사장님이 충분히 뒷받침해 주실 테고, 시나리오는 뭐, 제가 봐도 100점짜리입니다. 그럼 남은 한 가지, 스타를 잘 골라야 합니다. 저는 손강호를 추천합니다. 손강호 씨 연기력 정도면 흥행 보증수표 아닙니까?"

"음, 아무래도 그렇지. 그래, 손강호로 하지."

마동표 사장은 내심 빵 피트가 마음에 걸렸지만 영화 흥행의 성공을 위해 손강호와 손을 잡기로 했다.

그렇게 영화 〈지구온난화가 찾아왔다〉는 제작에 들어갔고, 수많은 사람들이 그 영화에 매달려 정신없이 2년을 보냈다.

"드디어 오늘이 개봉인가? 정말 힘든 2년이었어. 그래도 우리 제작진과 영화 관계자 모두 나를 믿고 잘 따라와 줘서 이렇게 개봉을하게 되었네. 분명 우리는 흥행에 성공할 거야! 우리가 누군가, 시네마뽕 아닌가. 히히! 요 몇 달간 너무 바빠서 집에 들어갈 틈도 없었지? 자, 다들 집으로 돌아가서 다음 영화 제작 들어갈 때까지 좀 쉬자고."

영화계는 마동표 사장의 신작 〈지구온난화가 찾아왔다〉로 들썩거리고 있었다. 제작 시작부터 유명세를 탔던 영화는 개봉 당일, 이미 관객 수 4백만 명을 돌파하고 있었다.

마동표 사장은 거실 소파에 편안하게 누워 흥행 성공 소식에 기뻐하고 있었다. 그때 전화벨이 울렸다.

"안녕하십니까? 여기는 경찰서입니다. 시네마뽕의 마동표 대표이사님 댁입니까?"

"네, 접니다만, 무슨 일로 그러시는지……?"

"아, 안녕하십니까, 마동표 사장님. 지금 저희 쪽으로 신고가 들어왔습니다. 〈지구온난화가 찾아왔다〉의 내용이 지구온난화로 남극이 녹으면서 지구에 강추위가 찾아온다는 것 맞습니까?"

"네, 그렇습니다. 그런데 무슨 신고가 들어왔단 말입니까?"

"이 영화를 본 빵 피트라는 분께서 지구온난화로 지구가 더워지는데 웬 강추위냐며 시네마뽕 영화사를 고소했습니다. 내일 지구법정으로 출두하셔야 할 것 같습니다."

"뭐라고요?"

극지방의 빙하가 녹아 강물이 바다로 밀려들면 바닷물이 묽어지고,
지구온난화로 온도가 올라가면 극지방에 수증기를
더 많이 공급해 눈이 점점 더 많이 오게 됩니다.

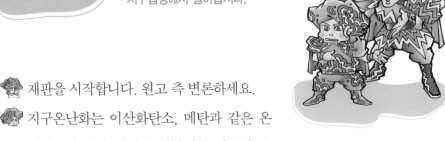

지구온난화와 세계의 기후 변동 사이에는
어떤 관계가 있을까요?
지구법정에서 알아봅시다.

여기는 지구법정

재판을 시작합니다. 원고 측 변론하세요.

지구온난화는 이산화탄소, 메탄과 같은 온
실가스의 양이 점점 늘어나면서 지구의 온
도가 높아지는 현상입니다. 하지만 영화 〈지구온난화가 찾아
왔다〉에서는 지구가 더워지는 게 아니라 오히려 강추위가 닥
치는 것으로 묘사되고 있습니다. 그래서 이 영화는 국민들에
게 잘못된 과학을 심어 주므로 당장 상영 금지되어야 한다고
주장합니다.

피고 측 변론하세요.

영화 〈지구온난화가 찾아왔다〉의 시나리오를 쓴 과학 작가 금
국가 씨를 증인으로 요청합니다.


커다란 안경을 쓰고 머리숱이 별로 없는 40대 남자가 증인
석에 앉았다.

지구온난화 과정에 대해 자세히 말씀해 주십시오.

지구온난화가 진행되면 극지방의 빙하가 녹아 홍수가 일어남

니다. 이렇게 되면 북극해의 바닷물 온도가 높아져 열대에서
흘러든 바닷물과의 온도 차이가 줄어들지요. 이 온도 차가 클
수록 적도에서 북극으로 흐르는 북대서양 난류가 강해지는데,
온도 차가 줄어들면서 북대서양 난류도 점차 약해지지요. 그
러므로 따뜻한 북대서양 해류의 공급이 줄어들면서 난류의 영
향으로 따뜻하던 지구 북반구 중위도 지역이 점점 추워지게
되고, 여름에도 눈이 녹지 않고 쌓이게 되는 이상한 날씨가 이
어지게 되는 겁니다.

 끔찍하군요.

그뿐만이 아닙니다. 극지방의 빙하가 녹아 강물이 바다로 밀
려들면 바닷물이 묽어지고, 지구온난화로 온도가 올라가면 극
지방에 수증기를 더 많이 공급해 눈이 점점 더 많이 오게 됩니
다. 이로 인해 눈과 얼음으로 덮인 지역이 점점 넓어지면서 지
구는 빙하기를 맞이하게 되는 거지요.

 정말 추위가 오는군요. 정말 무시무시한 일입니다. 그렇죠, 판
사님?

판결합니다. 지구온난화가 지구를 빙하기로 만들어 버린다는

 북대서양해류

북대서양해류는 대서양 중앙해령 서쪽에서 세 갈래로 갈라지는데 북쪽으로는 노르웨이 해류나 이르
밍거 해류로 연결되고 남쪽으로는 앤틸리스 해류와 연결된다.

영화 내용이 과학적으로 사실임이 드러났습니다. 그러므로 이 영화에 과학적 오류는 없다고 판결합니다. 이상으로 재판을 마치도록 하겠습니다.

재판이 끝난 후, 많은 사람들이 영화를 관람했고, 사람들은 영화가 주는 끔찍한 경고에 자극을 받아 지구온난화를 막기 위해 많은 단체를 만들었다.

# 300배의 환경세

이산화질소를 배출한 공장에 300배의 환경세를 부과한 것은 부당한 일일까요?

"남부 지역에 폭염 주의보라니…… 우리나라도 점점 아열대 지역으로 변해 가는 거 아냐? 큰일이야, 큰일!"

"그러게 말입니다. 밤이 되면 열대야 현상이 심해서 잠 못 드는 사람들이 한둘이 아니에요."

점심을 먹고 커피를 마시며 김 부장과 안 대리는 점점 더워져 가는 날씨에 대해 이야기를 하고 있었다.

김 부장과 안 대리는 기상청 직원이다.

10년 전 여름과 비교했을 때 온도가 점점 높아져 그들은 지구가 더워지고 있다는 것을 피부뿐만 아니라 기록으로도 느끼고 있었다.

"계속 이렇게 가다간 큰일 나지 않을까요? 전 지구의 앞날이 어떻게 될지 슬슬 겁나는데요."

"슬슬이라니…… 허허! 난 어젯밤에도 걱정이 돼서 잠이 오지 않던걸."

"에이, 더워서 잠이 안 온 거겠죠."

"하하하, 내가 자넨 줄 아나?"

"하하하, 부장님도 참……."

지구의 앞날이 걱정인 김 부장은 이번 정부 주요 인사들이 참석하는 회의 때 이산화탄소 배출을 적극적으로 줄이자는 의견을 낼 생각이었다. 이산화탄소의 배출이 줄어들면 조금이나마 지구온난화의 가속에 브레이크를 밟을 수 있지 않을까 해서였다.

드디어 회의 날이 되었다. 각계각층의 주요 인사들이 전부 참석한 회의였다. 이번에는 대통령도 참석하였다.

"요즘 날씨가 참 덥죠? 다들 건강히 지내셨습니까?"

대통령의 안부 인사를 시작으로 회의가 시작되었다. 기상청 대표로 나온 김 부장은 그동안 준비해 온 자료를 가지고 발표를 하기 시작했다.

"지구온난화에 영향을 주는 이산화탄소를 줄이는 일이야말로 우리 인간들이 할 수 있는 최선의 방법입니다."

이 말을 들은 참석자 전원이 고개를 끄덕였다. 이어서 환경부 장관의 말이 이어졌다.

"그동안 말로만 이산화탄소를 줄이자고 해 왔지, 몸소 실천한 사람들은 그리 많지 않을 것입니다. 그러니 이번 일을 계기로 이산화탄소를 많이 배출하는 공장에 환경세를 적용하는 것이 어떻겠습니까?"

환경부 장관의 말에 회의장이 잠시 술렁였지만 이내 잠잠해졌다.

"괜찮은 방안이네요. 그렇게 하도록 합시다. 이 의견에 이의 있는 분 계십니까?"

대통령의 제안에 참석자 전원이 고개를 끄덕였다.

"그렇게 하도록 하죠. 그럼 언제부터 적용하는 겁니까?"

노동부 장관이 대통령에게 물었다.

"다음 달부터 당장 적용하도록 하죠."

이렇게 해서 다음 달부터 지구온난화에 영향을 주는 공장에 환경세를 적용하기로 했다.

그로부터 한 달이 지났다.

"사장님! 사장님!"

"아니, 아침부터 웬 호들갑이야? 이과장, 무슨 급한 일이라도 있나?"

"사장님, 이것 좀 보십시오."

"그게 뭔데? 협박 편지라도 온 거야?"

"지금 농담할 때가 아닙니다. 이것 좀 보세요. 우리 공장에 환경세라는 게 나왔는데, 보통 우리 공장이 내는 세금보다 300배나 더 나왔습니다."

"뭐라고? 이리 좀 줘 보게. 아니, 이게 어떻게 된 일인가?"

"저도 모르겠습니다. 어째서 우리 공장에 이런 일이 생긴 건지. 세상에! 3배도 아닌, 30배도 아닌, 300배나. 당장 공장이 망하게 생겼습니다. 어쩌죠, 사장님?"

"믿을 수가 없어. 뭔가 잘못되어도 한참 잘못되었네. 잠시만 기다려 보게."

박사장은 이른 아침 받아 든 환경세 통지서 때문에 머리가 찌릿했다. 공장이 지금껏 내 오던 세금보다 300배나 많이 나온 것이다. 화가 잔뜩 나 있는 이 과장을 진정시킨 박 사장은 흥분을 가라앉히고 옆 공장 구 사장에게 전화를 걸었다.

"여보세요?"

"박 사장, 아침부터 무슨 일인가?"

"구 사장, 자네 공장은 세금에 무슨 이상 없는가?"

"이상이라니? 우리 공장은 지난달이랑 똑같이 나왔는데, 왜 그러나? 무슨 일 생긴 건가?"

"지난달과 똑같이 나왔다고? 알겠네. 아침 일찍부터 미안하네."

"허허, 괜찮네!"

전화를 끊은 박 사장은 고개를 갸우뚱거렸다.

"뭐랍니까? 그쪽 공장은 이상 없다고 하죠?"

"이상하네. 구 사장 공장에서는 이산화탄소가 나오는데……. 지난달 정부에서 이산화탄소가 나온 공장에 환경세를 부과한다고 했어. 그런데 아무 이상이 없다니……."

"분명 잘못된 겁니다. 지금 당장 정부에 전화해 보세요, 사장님!"

"그렇게 하도록 하지."

이쯤 되자 화가 난 박 사장이 전화기를 들었다. 그리고 환경부로 전화를 걸었다.

"네, 환경부입니다."

"여보세요, 저는 ○○공장 대표 박구몽입니다. 다름이 아니라, 이번 저희 공장에 환경세라는 것이 나와서요. 뭔가 잘못된 거 같은데요."

"잘못된 게 아닙니다. 지난달부터 정부에선 이산화탄소를 배출하는 공장에 환경세를 적용하기로 했습니다. 뉴스와 신문에 보도되었는데, 모르셨습니까?"

"아니, 이보세요. 우린 아산화질소를 배출하는 공장인데 이산화탄소를 배출하는 공장에 적용하는 환경세를 적용해 버리면 어쩌자는 겁니까?"

"네? 아산화질소요? 아닌데…… 여기 자료에 ○○공장은 이산화탄소를 배출한다고 적혀 있는데요."

"뭐요? 지금 장난하는 거요? 제대로 조사해 보지도 않고 막무가내로 환경세를 적용하는 겁니까?"

"아, 그렇습니까? 죄송합니다. 당장 시정해 드리겠습니다."

"아니, 죄송하다는 말 한마디면 다야? 우리 공장이 환경세 때문에 내일 당장 망하게 됐는데! 당신들이 제대로 조사하지 않아서 이런 일이 생긴 거 아니야!"

"아, 죄송하다고 했잖습니까. 고쳐 드린다고요."

"태도가 마음에 안 들어. 제대로 알아보지도 않고. 가만히 있었으면 우리 공장이 망할 뻔했다고! 당신들 모두 지구법정에 고소하겠어. 두고 봐!"

아산화질소는 이산화탄소에 비해
300배의 강력한 온실효과를 가진 기체로,
석유나 석탄을 태울 때나 질소 비료를 사용할 경우에 나옵니다.

아산화질소를 배출한 공장에
300배의 환경세를 부과한 이유는 뭘까요?
지구법정에서 알아봅시다.

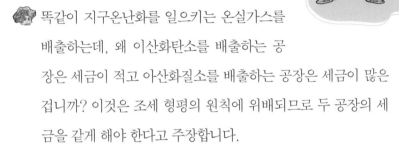

🗿 재판을 시작합니다. 원고 측 변론하세요.

👧 똑같이 지구온난화를 일으키는 온실가스를
배출하는데, 왜 이산화탄소를 배출하는 공
장은 세금이 적고 아산화질소를 배출하는 공장은 세금이 많은
겁니까? 이것은 조세 형평의 원칙에 위배되므로 두 공장의 세
금을 같게 해야 한다고 주장합니다.

🧑 피고 측 변론하세요.

🧑 정부 환경세 담당관인 거더라 씨를 증인으로 요청합니다.


　　옷을 여기저기 기워 입은 듯한 40대 남자가 증인석에 앉
았다.

🧑 증인은 이번 환경세 관련 업무를 맡고 있죠?

🧑 그렇습니다. 공장에서 내뿜는 온실가스로 인해 지구온난화가
가속되기 때문에 이런 세금 제도를 만든 것입니다.

🧑 좋은 생각입니다. 그런데 왜 아산화질소를 배출한 공장의 환
경세가 이산화탄소를 배출한 공장보다 300배나 많은 거죠?

아산화질소는 이산화탄소의 300배에 이르는 강력한 온실효과를 가진 기체로, 석유나 석탄을 태울 때, 그리고 질소 비료를 사용할 때 나오지요.

또 아산화질소가 나오는 곳이 있나요?

아산화질소는 화학 비료에서도 만들어집니다. 과학공화국에서는 매년 7000만 톤 정도의 질소 비료가 농사에 이용되고 있고, 총 2200만 톤의 아산화질소가 대기 중으로 방출되고 있습니다. 다행스러운 점은 아산화질소의 대기 중 농도가 0.3ppm 정도로, 이산화탄소의 365ppm에 비해 1000분의 1에도 못 미친다는 것이지요. 하지만 아산화질소의 농도가 높아지면 지구 온난화는 더욱 가속화될 것이므로 처음부터 이 기체의 이용을 줄여야 할 것입니다.

그렇다면 아산화질소를 배출하는 공장이 300배의 환경세를 내는 것은 당연하군요.

저도 그렇게 생각합니다. 그럼 판결하지요. 아산화질소가 이산화탄소보다 300배나 더 많은 온실효과를 가져다주므로 300

 아산화질소

아산화질소는 질소 원자 2개와 산소 원자 1개가 결합한 기체로 질산암모늄을 열에 의해 분해할 때 생긴다. 아산화질소는 색깔이 없고 투명한 기체로 물, 알코올에 잘 녹고 외과 수술 때 마취제로 사용된다.

배의 환경세를 내는 것은 당연하다고 판결합니다. 이상으로
재판을 마치도록 하겠습니다.

재판이 끝난 후, 화학 비료 공장이나 아산화질소를 배출하는 공
장의 수는 점점 줄어들었고, 정부에서는 아산화질소를 방출하지 않
는 새로운 비료의 개발에 박차를 가했다.

# 지구의 사막화

지구온난화가 계속되면 언젠가 지구는 사막으로 변할까요?

**사건속으로**

주위를 둘러보면 끝없는 모래만 펼쳐진 그곳, 인드라는 사막에 위치한 조그만 나라이다. 파도처럼 밀려다니는 모래 속에서 몇 천 년 전부터 사람들이 하나, 둘씩 모여 나라를 만들었다. 그들은 독수리의 비행 모습을 보면서 회오리바람이 오는 것을 감지했고, 뱀의 움직임을 보면서 땅의 위험을 감지했다.

이런 인드라에는 독특한 문화가 하나 있다. 인드라의 왕위는 대대로 물려주는 것이 아니라, 주어진 테스트를 통과한 자만이 차지할 수 있다는 것이다. 그 테스트는 바로 '두더지 전략'이다. 그들은 어떤 위험한 일이 생기면 자신들의 모습을 숨겨야 한다. 수없이 많은 모래들로 이루어져 있는 사막에서 어떻게 자신의 모습을 최대한 땅 속으로 숨기냐 하는 것이 이 테스트의 관건이다.

알뽕은 생각하고 또 생각했다.

'모래를 파고 또 파서 땅 속으로 들어간다 하더라도 바람이 불면 또다시 모래가 밀려오기 때문에 헛수고일 것이다. 도대체 어떻게 해야 하지? 내 몸이 모래가 되면 좋으련만…… 아, 그래 바로 그 거야!'

테스트가 있는 날, 도전자들 대부분은 숟가락, 삽, 곡괭이 등을 가지고 와서 모래를 파기 시작했다. 하지만 어느 정도 팠다 싶으면 바람이 불어 모래가 밀려와 덮어 버리고, 또 열심히 파면 다시 바람이 불어 모래가 그 자리를 메워 버렸다. 알뽕은 아무런 행동도 하지 않은 채 그저 모래 한가운데 누워만 있었다. 다른 사람들은 이미 알뽕이 포기한 줄 알고 신경쓰지 않고 열심히 모래를 파고 또 팠다.

'땡!' 하는 소리와 함께 주어진 시간이 끝났다. 대부분의 사람들이 발목 정도까지 몸을 숨긴 상태였다. 그나마 제일 깊이 판 사람이 무릎까지였다. 인드라 왕 추진위원회장이 말했다.

"인드라의 새 왕은 무릎까지 몸을 숨긴 삐삐롱입니다."

그때 누군가가 소리쳤다.

"잠깐! 여기 나 알뽕은 왜 보지도 않는 것이오?"

사람들이 그저 모래라고 생각했던 곳에서 알뽕의 모습이 드러

났다.

"아니, 이럴 수가! 알뿅은 완전히 자신의 몸을 모래에 숨겼잖아. 도대체 어떻게 된 일이오?"

"후후, 모래에 몸을 숨기려면 내가 모래가 되면 됩니다. 나는 오늘 내 몸 구석구석에 밥풀을 묻히고 왔소. 그러고 나서 가만히 모래 위에 누워 있으니 모래가 내 몸에 잔뜩 묻어 나는 모래가 되었소. 모래는 바람 따라 계속 움직이지 않소? 나는 나에게 온 모래가 또 다시 바람에 의해 가지 않고 나에게 머무르도록 한 것이오."

사람들은 알뿅의 말에 탄복하며 박수를 쳤다.

"우리 인드라의 왕은 바로 알뿅입니다. 알뿅 왕 만세! 알뿅 왕 만세!"

그때 빼빼롱이 소리쳤다.

"나는 인정할 수 없소. 비록 알뿅이 모래에 완전히 몸을 숨겼다고는 하나, 아까 인드라 왕 추진위원회장이 나를 인드라의 새 왕이라고 하지 않았소? 그렇게 중요한 말을 번복할 수는 없소."

빼빼롱의 말이 끝나자 인드라 왕 추진위원회가 소란스러워졌다. 잠시 시끌벅적하게 의논을 한 뒤 위원장이 말했다.

"좋소. 그럼, 빼빼롱과 알뿅, 둘만의 대결을 펼치겠소. '누가 여기에서 인드라 궁전까지 빨리 가냐' 하는 것이 이번 대결이오. 빨리 가서 왕좌에 먼저 앉는 사람을 인드라의 새 왕으로 임명하겠소."

그 말이 끝나기가 무섭게 빼빼롱은 궁전을 향해 뛰기 시작했다.

궁전까지는 적어도 5시간 정도 전력 질주해야 가까스로 도착할 수 있었다. 하지만 알뿡은 궁전 반대 방향으로 뛰더니 바위를 타고 오르기 시작했다. 놀란 사람들은 휘둥그레진 눈으로 알뿡을 쳐다봤다. 알뿡은 바위 꼭대기로 올라가 먼 하늘을 쳐다보며 무엇인가를 기다리고 있었다. 그때 갑자기 커다란 독수리가 나타나 알뿡을 먹잇감으로 생각했는지 쏜살같이 알뿡을 향해 날아들었다.

알뿡은 그 틈을 놓치지 않고 손을 뻗어 잽싸게 독수리의 다리를 붙잡았다. 알뿡은 독수리 다리에 매달려 궁전 앞까지 간 뒤, 독수리를 잡고 있던 손을 놓았다. 그러자 모래 위로 툭 하고 떨어졌다. 알뿡은 재빨리 정신을 차리고 궁전으로 뛰어 올라가 왕좌에 앉았다. 알뿡이 인드라의 새로운 왕이 되는 순간이었다.

"우리는 이번 테스트를 통해 당신의 지혜와 용기를 잘 보았소. 당신은 우리 인드라의 새로운 왕이오. 알뿡 왕 만세! 알뿡 왕 만세!"

알뿡은 그렇게 인드라의 새 왕이 되었다. 그는 나라의 평화뿐만 아니라 세계의 평화까지도 신경을 썼다. 인간의 존엄성이 무엇보다 귀한 것이라고 생각한 알뿡은 인간 존중에 가장 큰 힘을 쏟았다.

그런 알뿡에게 최근 한 가지 고민이 생겼다. 알뿡은 그 고민을 해결하기 위해 인근 사막 나라의 왕과 회의를 가졌다.

"우리는 시간이 흐르면 지구가 사막화될 거라는 사실을 알고 있소. 만일 정말로 지구가 사막화된다면 적응하지 못한 많은 사람들이 죽어 갈 것이오."

"우리가 그 사실을 아는 한 그렇게 되도록 내버려 둘 수 없는 노릇 아니오? 전 세계 사람들에게 어서 이 소식을 전합시다. 우리가 그들을 구해야 하지 않겠소?"

그래서 알뽕은 인터넷에 글을 올리기로 했다.

"이제 지구는 머지않아 사막이 될 것입니다. 그러면 우리처럼 오랫동안 사막에서 살아 온 민족만이 살아남을 수 있습니다. 여러분, 모두 사막으로 이주하십시오. 그것만이 살길입니다."

인터넷을 통해 알뽕의 말이 전 세계로 퍼져 나갔다. 그의 말이 전해지기가 무섭게 세계의 네티즌들은 말도 안 되는 소리라며 알뽕을 지구법정에 고소하였다.

이산화탄소의 비율이 높아지면 지구의 온난화가 일어나
유효 강수량이 현저히 떨어집니다. 이 때문에 토양이 건조해지고
모래의 유동성이 증가하여 사막화를 진전시키고 있습니다.

지구온난화가 심해지면 지구의 대부분은
사막이 될까요?
지구법정에서 알아봅시다.

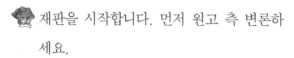

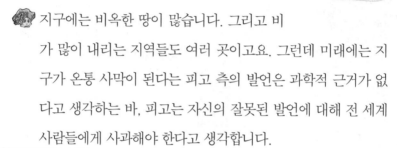

재판을 시작합니다. 먼저 원고 측 변론하
세요.

지구에는 비옥한 땅이 많습니다. 그리고 비
가 많이 내리는 지역들도 여러 곳이고요. 그런데 미래에는 지
구가 온통 사막이 된다는 피고 측의 발언은 과학적 근거가 없
다고 생각하는 바, 피고는 자신의 잘못된 발언에 대해 전 세계
사람들에게 사과해야 한다고 생각합니다.

피고 측 변론하세요.

알뿅 왕을 증인으로 요청합니다.


노란 정장에 보글보글 파마 머리를 한 40대 남자가 증인석
으로 들어왔다.

증인은 머지않아 지구가 사막화될 거라고 주장했죠?

그렇습니다.

어떤 근거로 그런 주장을 한 거죠?

지금과 같이 무분별하게 화전 농업을 통해 숲의 나무를 태우

고, 인구가 늘어나면서 산의 나무를 자꾸 베어 내게 되면 물이 줄어들면서 토양이 건조해지게 됩니다. 또한 식생활의 패턴도 영향을 줍니다.

그건 무슨 소리죠?

쇠고기 1kg을 생산하기 위해서는 곡물 7~10kg이 사용됩니다. 그런데 요즘과 같이 쇠고기 소비량이 점점 늘어나게 되면 소를 더 많이 기르게 되고, 초지를 만들기 위해 숲을 없애게 됩니다. 그리고 이로 인하여 공기 중의 이산화탄소 비율이 높아져 지구의 온난화가 일어나, 간혹 내리는 폭우를 제외하고는 평상시 비가 잘 내리지 않아 일 년 강수량이 감소하게 됩니다. 그러면 결국 토양은 건조해지겠죠. 이처럼 건조한 지형이 사막입니다. 이렇듯 지구온난화로 인해 유효 강수량이 현저히 떨어져 토양이 건조해지고 모래의 유동성이 증가하여 사막화를 진전시키는 것이죠.

그렇군요. 그렇다면 지구의 사막화가 그리 허무맹랑한 소리는 아닌 것 같군요. 그렇죠, 판사님?

 사막의 확장

전 세계적으로 매년 1000만ha의 땅이 사막화되고 있어 2025년까지 아프리카에서는 기존 경작지의 3분의 2가 사막으로 변할 것으로 과학자들은 예상하고 있다. 현재 사하라사막 남부와 중국 고비사막이 급격히 확대되고 있는 상태이다.

판결합니다. 이제 우리는 하나뿐인 지구를 지키기 위해 모든 노력을 기울여야 할 때입니다. 그런 면에서 피고 측 증인의 주장은 많은 사람들에게 경고를 줄 수 있다고 생각하는 바입니다. 그러므로 화전 농업을 금지하고 소고기의 소비량을 줄이는 대책을 세울 것을 정부에게 요구하는 바입니다.

이상으로 재판을 마치도록 하겠습니다.

재판 후, 과학공화국이 주도가 되어 세계 사막화 방지 대책위원회가 열렸다. 그리고 모든 나라는 앞으로 화전 농업을 금지하고 육식 위주의 식생활을 줄이며 채식의 비율을 높이자고 입을 모았다.

# 과학성적 끌어올리기

## 기후 변화

오늘날 우리에게 닥친 가장 심각한 문제는 기후의 변화입니다.

1992년 6월 브라질의 리우데자네이루에서 세계 150여 개 국가가 모여 이 문제를 두고 심각하게 논의했으며, 우리나라도 세계기후협약에 서명하고 지구의 기후 변화를 막기 위한 노력을 약속했습니다.

현재 일어나고 있는 지구온난화 현상과 세계의 기후 변화는 자연적 현상인가, 아니면 사람들이 만든 것인가? 그리고 지구온난화는 지구에 어떤 피해를 줄 것인가? 이런 문제들이 지구온난화에 대한 논의의 초점입니다.

기후는 자연환경의 한 요소입니다. 각 지역의 기후는 그 지역에 사는 사람들의 문명과 생활양식을 만드는 요소입니다. 세계적으로 지구온난화가 심각해지면서 홍수와 가뭄이 과거보다 큰 규모로 발생해 많은 사람들이 고생을 하고 있습니다. 또한 이런 기후의 변화로 오래된 유적지가 훼손되기까지 합니다. 그러므로 지구의 기후 변화는 현재의 우리뿐만 아니라 우리 후손에게도 심각한 영향을 주게 될 것입니다.

기후는 대기의 평균 상태를 말합니다. 즉, 매일 매일의 날씨를 오랜 기간 동안 평균 낸 대기의 상태입니다. 지구의 기후는 위도, 고도, 바다와 대륙의 분포, 해류 등에 의해 달라집니다. 기후 변화는 대기의 문제만으로 나타나는 것이 아니라, 태양 복사의 변화, 대기와 바다의 상호작용, 지표면의 변화 등에 따라 달라집니다.

## 기후 변화를 일으키는 요인은 무엇인가?

외적인 요인으로는 태양 복사량의 변화, 대기 성분의 변화, 지표면의 변화, 바다 속 염분 양의 변화를 들 수 있습니다. 이중에서 태양 복사에너지의 양이 계절에 따라 달라지면서 기후는 주기적으로 변하게 됩니다. 즉, 지구 공전궤도의 변화, 자전축의 변화 등은 빙하기의 원인으로 알려져 있으며, 화산의 폭발이라든지 우주 먼지 등이 태양의 복사에너지를 막아 지구의 기후 변화를 가져오게 됩니다.

한편 내적인 요인으로는 대기와 바다의 상호작용에 의해서 반복적으로 나타나는 변화를 들 수 있습니다. 예를 들어 엘니뇨는 동태평양의 해면 온도가 올라갈 때 나타나며, 이때 대기에는 이상 기후가 나타납니다.

즉, 기후 변화의 요인은 외적 요인과 내적 요인으로 나뉘고, 내적 요인으로는 자연적인 것과 인위적인 것으로 나뉩니다. 내적 요인 중 화산의 폭발 등은 자연적인 요인이고, 자동차라든지 공장의 매연에 의한 이산화탄소의 증가, 이산화황의 증가 등은 인위적인 요인이라고 할 수 있습니다.

## 기후 변화의 역사

지구상의 기후는 지구가 생긴 이래 끝없이 변해 왔습니다. 특히 인류가 나타난 후 지구에는 네 번의 빙하기와 네 번의 간빙기가 있었습니다. 마지막 빙하기는 약 1만 2000년 전에 끝났고, 지금은 간빙기의 마지막 단계입니다.

그동안의 연구에 따르면 19세기의 소빙하기 이후 기온이 내려갈 것으로 예측되었지만, 오히려 지금 지구는 이상 고온 현상을 보이고 있습니다.

1860년대부터 세계의 기온 변화를 보면, 19세기 말과 20세기 초

지구의 기온은 1951년부터 1980년까지 30년간의 평균값보다 0.3°C 낮았으나, 1930년대부터 서서히 상승하여 1940년대와 1960년대의 지구온난화를 거쳐 1970년대 이후 급격하게 올라가고 있습니다. 현재는 1951~1980년 기간에 비해 0.3°C 정도 기온 상승을 보여 주고 있습니다. 기온의 상승은 지구상 어느 곳에서나 나타나며, 특히 남반구에서 더욱 심합니다.

　최근 기온 상승의 원인을 하나로 꼽아 설명하기는 어렵지만, 산업혁명 이후의 기온 상승은 인간의 산업 활동 때문으로 여겨집니다. 왜냐하면 이 기간 중 지구온난화의 요인인 이산화탄소와 같은 온실가스의 양이 대기에서 크게 증가했기 때문입니다. 대기 성분 중 이산화탄소는 단지 0.03퍼센트에 불과합니다. 그럼에도 불구하고 이 기체는 지구의 복사에너지를 다른 어느 기체보다도 많이 흡수합니다. 태양 복사에너지는 대기를 통과하여 지표로 들어올 때 거의 흡수되지 않으나, 지표에서 방출된 지구 복사에너지가 이산화탄소와 같은 온실가스에 의해 흡수되므로 지구의 기온은 유지, 보존됩니다. 온실 안이 따뜻한 까닭도 바로 이런 온실효과 때문입니다.

　산업혁명 이후 화석연료를 많이 사용하면서 대기에 온실가스가 많아졌고, 자동차 등 각종 교통 기관에 의한 배기가스도 이들 온실가스를 증가시켰습니다.

　이산화탄소의 양은 1800년경 280ppm이었던 것이 1990년에는 358ppm을 나타내고 있습니다. 이와 같이 이산화탄소의 증가는 이 기간 중의 기온 상승을 잘 설명해 줍니다.

　최근 냉매제로 많이 사용되는 프레온가스는 기온의 상승을 일으킬 뿐만 아니라, 성층권의 오존층을 파괴합니다. 즉, 봄이 되면서 성층권에 이른 프레온에 의해 염소 이온들이 튀어나와 빠르게 오존층을 파괴하는 것입니다.

## 기후 변화의 예측

앞으로 기후는 어떻게 변화할까요? 기온 변화를 일으키는 이산화탄소가 현재의 증가율로 계속 증가할 때 지구의 기온이 2025년에는 지금보다 약 1°C 상승하고, 다음 세기 말에는 약 3°C 상승할 것으로 예상됩니다. 이러한 지구온난화 현상은 2030년까지 2~3퍼센트의 강수량과 증발량의 증가를 가져올 것입니다. 하지만 현재 방출되고 있는 온실기체의 양이 어느 정도 규제된다면 기온 상승률은 감소할 것이고, 그렇지 않으면 더욱 높아져 2100년에는 지금보다 5°C 상승할 것으로 과학자들은 생각하고 있습니다.

지구온난화가 닥치면 어떻게 될까요? 짧은 시간 안에 나타날 현상으로는 먼저 이상 기후를 들 수 있습니다. 즉, 우리가 과거에 경험해 보지 못했던 아주 뜨거운 여름이 오거나 엄청난 폭우가 내리게 됩니다. 이상 기후의 출현은 점점 더 자주 일어날 것이고, 이것이 결국 지구의 기후 변화를 일으킬 것입니다.

지구의 온난화는 현재 지구상의 온대와 한대의 일부를 아열대화 또는 아한대화시키고, 열대의 면적을 넓힐 것입니다. 또 해빙과 빙설을 녹이고, 해수의 온도를 높여 해수면의 상승을 일으킬 것입니다. 계산에 의하면 다음 세기 말까지 매년 0.6cm의 해수면 상승이 예상되고, 2030년에는 현재보다도 약 20cm 상승하며, 21세기 말에는 65cm가 상승할 것입니다.

따라서 다음 100년간 남극대륙과 그린란드의 빙하는 줄어들고, 이로 인해 해수면이 높아져 전체 육지 면적이 줄어들어 해안선의 모양이 바뀌고 해수욕장이 사라지며 저지대가 물에 잠기고 농경지가 줄어드는 등 많은 문제점이 나타날 것입니다.

기후 변화에 동반되어 일어나는 사막화 현상 또한 매우 심각합니다. 지난 30년 동안 사우디아라비아 면적에 해당하는 사막이 새로 생겨났고, 매년 1000만 에이커의 새로운 사막이 만들어집니다. 지금 아프리카 지역의 극심한 가뭄은 바로 지구온난화가 가져온 재앙입니다.

# 이상 기후에 관한 사건

# 빙하기는 여름에 이루어진다

더운 여름에 빙하기가 시작된다는 게 사실일까요?

지구과학을 연구하는 루썸머 씨는 혼자 연구실에서
연구하기를 좋아하는 천생 과학자이다. 루썸머 씨
가 집 안에 마련된 연구실에서 연구를 하다가 밖으
로 나오는 경우는 몇 번 없다. 밥 먹을 때, 화장실 갈 때, 잠잘 때,
그리고 다큐멘터리 〈지구와 인류〉를 시청할 때뿐이다.

"여보, 〈지구와 인류〉 시작할 시간이에요!"

루썸머 씨의 아내가 연구실 문을 열어 얼굴만 빠끔히 내밀고 말
했다. 마침 루썸머 씨도 시계를 보고 일어서려던 참이었다.

"나도 4시 55분인 거 보고 일어나려고 했어."

루썸머 씨는 오래 앉아 있어서 그런지 뻐근해진 허리를 펴고 밖으로 나와 소파에 털썩 앉았다. 항상 딱딱한 의자에 앉아 있다가 푹신한 소파에 앉으니 구름 위에 둥둥 떠 있는 기분이었다.

"나랑 연애할 때는 매일 약속 시간에 늦더니, 다큐멘터리 볼 때는 완전 시계네요!"

부엌에서 과일을 가져오던 아내가 삐쳤다는 투로 말했다. 하지만 그런 남편을 한 번도 미워한 적 없었기에 얼굴에는 언제나 웃음이 가득하다.

"당신 만나려면 머리도 손봐야 하고, 구두에 광도 내야 하고, 옷도 멋있는 거 골라 입어야 했으니 늦었지~."

"말이나 못하면 밉지나 않지요!"

능글맞게 대답하는 루썸머 씨를 보며 아내는 웃고 말았다. 루썸머 씨는 항상 4시 55분이면 TV에 눈을 고정한 채 아내가 예쁘게 깎아 온 사과를 한입 베어 문다. 몇 개의 광고가 끝난 뒤 바로 〈지구와 인류〉가 시작되었다.

"어, 시작한다!"

장엄한 테마곡과 함께 굵고 느끼한 성우의 목소리가 들렸다. 아내는 매일 연구실에 있는 남편이 미웠는지 넌지시 들릴까 말까 한 목소리로 말했다.

"어머~ 나는 저 성우 목소리가 너무 매력적이더라~."

"저렇게 느끼한 목소리가 뭐가 멋있어. 적어도 나 정도는 돼야지."

안 듣는 척하면서 아내의 말을 다 듣고 있던 루썸머 씨가 일부러 굵은 목소리를 짜내면서 말했다. 아내는 손으로 입을 가리며 웃었다. 그리고 두 사람은 다큐멘터리를 보기 위해 텔레비전으로 시선을 옮겼다. 여전히 느끼한 성우의 목소리가 나오고 있었다.

"오늘 〈지구와 인류〉에서는 빙하기에 대해 알아보겠습니다."

성우가 오늘 방영할 주제에 대해 얘기하자 아내가 남편을 쳐다보며 말했다.

"어머, 오늘은 당신 전공이 나오네요?"

대학교 커플이었기 때문에 아내는 남편의 전공이 지구과학 중에서도 빙하기인 것을 잘 알고 있었다. 남편도 반가운 마음에 더욱 집중해서 보았다.

"빙하기라고 하면 어떤 게 떠오르시나요? 둘리가 갇혀 있는 얼음덩어리를 생각하시는 분도 계실 텐데요. 오늘은 빙하기에 대해서 자세히 알아보도록 하겠습니다."

둘리 이야기가 나오자 루썸머 씨는 몸이 들썩이도록 크게 웃었다. 그리고 영문을 모른 채 보고 있는 아내에게 자기가 왜 웃었는지 설명했다.

"허허, 나도 사실 빙하기라고 했을 때 둘리 생각을 했었거든."

"당신도요? 저도요! 역시 우린 천생연분인가 봐요."

둘은 큰 소리로 웃으며 계속해서 텔레비전을 시청했다. 화면에는 얼음 가득한 남극의 모습이 비춰지고 있었다.

"빙하기는 한겨울에 시작되어 큰 얼음 덩어리를 만듭니다."

성우의 말이 끝나자마자 루썸머 씨가 갑자기 인상을 쓰며 눈을 찌푸렸다.

"여보, 왜 그래요?"

"아까 성우가 분명히 빙하기가 한겨울에 시작한다고 말했지?"

"네, 그런데요?"

루썸머 씨는 예리한 눈빛으로 잠시 깊은 생각에 빠지는가 싶더니 갑자기 고개를 휘휘 내저었다.

"저건 잘못됐어. 빙하기는 한겨울에 시작하는 게 아니야."

"그래요? 그럼 잘못 나왔나 보죠."

"그냥 이렇게 넘어가면 안 되지! 내가 이 프로그램을 얼마나 많이 봐 왔는데. 따져야겠어!"

그냥 넘어가려는 아내와는 달리 루썸머 씨는 방송국에 직접 전화를 걸어 잘못된 내용을 방송했다며 따지려고 했다. 자신이 연구하고 있는 분야를 엉터리로 알렸다는 것도 화가 났지만, 여태까지 재미있게 봐 왔던 프로그램이라 신뢰가 높았는데 이번 일로 그 신뢰가 한순간에 무너지는 느낌을 참을 수 없었던 것이다. 결국 루썸머 씨는 방송국에 전화를 걸어 〈지구와 인류〉 제작자와 통화하게 되었다.

"여보세요? 저는 〈지구와 인류〉의 애청자입니다."

"그런데 무슨 일로 전화하신 거죠?"

제작자는 애청자라는 루썸머 씨의 말에 상냥한 목소리로 전화를 받았다. 루썸머 씨 역시 실수로 그랬거니 생각하면서 웃음 섞인 목소리로 말했다.

"아까 텔레비전을 보니까 빙하기가 한겨울에 시작된다고 하셨더군요."

"네, 그렇습니다만."

루썸머 씨는 이 일이 실수가 아니라 원래 그렇게 알고 있는 듯한 제작자의 대답에 놀라며 한숨을 크게 내쉬었다. 전 세계 사람들이 보는 방송을 제작하는 사람이 정확한 지식, 더군다나 자신이 연구하고 있는 지구과학 지식이 없다는 것에 화가 났기 때문이다.

"뭔가 잘못 알고 계시네요. 빙하기가 왜 겨울에 시작됩니까?"

"네? 그럼 빙하기가 햇빛 쨍쨍한 여름에 시작됩니까?"

불쑥 화를 내는 루썸머 씨의 태도에 제작자도 화가 났는지 큰 소리로 말했다. 그러자 루썸머 씨도 지지 않으려는 듯 더 큰 소리로 또박또박 말했다.

"네, 빙하기는 여름에 시작되는 겁니다!"

"참나~ 말도 안 되는 소리를 하시는군요! 얼음이 어는 빙하기가 추운 겨울에 시작하죠, 어떻게 여름에 시작합니까? 여름에 시작하다가는 빙하기 시작도 못하고 다 녹아 버리겠습니다."

제작자는 더운 여름에 빙하기가 시작된다는 루썸머 씨의 말을 믿으려 하지 않았다. 하지만 루썸머 씨는 자신의 주장을 굽히지 않았고, 두 사람은 전화를 사이에 두고 말싸움을 계속했다. 결국 루썸머 씨는 이 사실을 바로잡기 위해 최후의 수단을 쓰기로 했다.

"많은 사람들이 시청하는 TV에서 잘못된 지식을 전달하시다뇨! 정~ 이렇게 나오신다면 지구법정에 고소하겠습니다."

"그건 제가 할 말입니다. 저희 프로그램에서는 잘못된 지식을 전달한 적이 없습니다. 빙하기가 겨울에 시작된다는 건 누구나 다 아는 사실입니다. 좋아요! 법정에 갑시다!"

이렇게 두 사람은 누구의 말이 맞는지 지구법정에서 가리기로 했다.

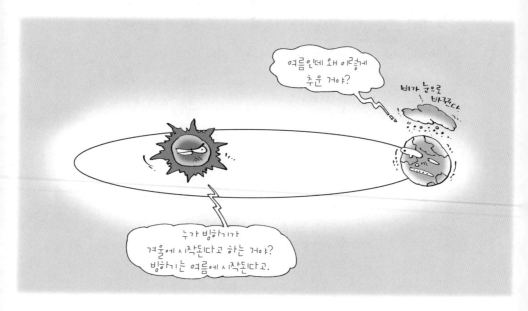

빙하기는 지구의 공전과 관계있습니다. 태양으로부터 지구가
가장 멀리 떨어진 원일점에 북반구의 여름이 형성되면
서늘한 여름이 되어 빙하기가 시작됩니다.

여기는 지구법정

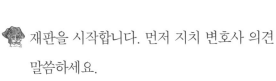

빙하기는 정말 여름에 시작될까요?
지구법정에서 알아봅시다.

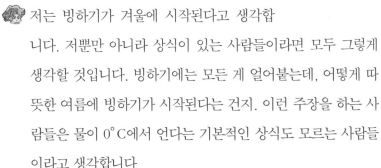

재판을 시작합니다. 먼저 지치 변호사 의견 말씀하세요.

저는 빙하기가 겨울에 시작된다고 생각합니다. 저뿐만 아니라 상식이 있는 사람들이라면 모두 그렇게 생각할 것입니다. 빙하기에는 모든 게 얼어붙는데, 어떻게 따뜻한 여름에 빙하기가 시작된다는 건지. 이런 주장을 하는 사람들은 물이 0°C에서 언다는 기본적인 상식도 모르는 사람들이라고 생각합니다.

그럼, 어쓰 변호사 의견 말씀하세요.

물론 지구과학에 대해 제대로 모르는 사람들은 그렇게 생각할 수도 있겠지요. 하지만 좀 더 깊이 공부해 보면 빙하기가 겨울이 아니라 여름에 시작된다는 것을 알 수 있습니다.

확실한 근거가 있나요?

빙하기는 서늘한 여름에 시작됩니다. 그 이유는 다음과 같습니다.

지구는 타원을 그리면서 태양 주위를 도는데, 이때 태양의 위치는 타원의 중심이 아니라 한 초점이 됩니다. 태양으로부터 지구가 가장 멀리 떨어져 있을 때를 원일점이라고 하는데, 북반구의 여름이 원일점에서 형성되면 지구의 여름은 다른 때보다 서늘해집니다. 이런 서늘한 여름이 바로 빙하기를 만드는 것입니다.

잘 이해가 되지 않는군요. 태양으로부터 멀리 떨어져 있으니 서늘한 여름이라는 건 이해가 되는데, 그렇다고 해서 여름에 빙하기가 시작된다는 건 납득하기 어렵군요.

여름이 원일점에 위치해 있어 서늘해지면 지난해 북반구 대륙에 내린 눈이 다 녹지 못하게 되면서 온도가 낮은 상태로 유지됩니다. 이때 바다로부터 수증기를 많이 머금은 따뜻한 기단이 대륙으로 밀려오면서 대륙의 차가운 공기와 만나 위로 올라가 비구름을 만듭니다. 그리고 이 비구름은 대륙의 기온이 낮기 때문에 비가 아니라 눈이 되어 내리게 되죠. 이렇게 계속 내리는 눈은 대륙을 더욱 차갑게 만들고, 그 결과 기온이 내려가면서 더 많은 눈이 쌓이고, 그 무게와 압력 때문에 눈이 얼음처럼 단단해지면서 빙하가 만들어지는 것입니다.

 **원일점과 근일점**

지구는 태양을 중심으로 원을 그리면서 도는 것이 아니라 태양이 한 초점이 되는 타원궤도를 따라 돈다. 이때 태양에서 지구가 가장 멀리 떨어져 있을 때를 원일점이라고 하고, 가장 가까울 때를 근일점이라고 한다.

그렇군요. 빙하기가 지구의 공전과 관계있고, 여름에 시작된 다는 사실을 처음 알게 되었습니다. 그럼, 이번 논쟁의 결론은 '빙하기는 여름에 시작된다' 로 마무리 짓겠습니다. 이상으로 재판을 마치도록 하겠습니다.


　재판이 끝난 후, 지구과학 마니아들은 자신들의 카페나 블로그를 수정하고, 빙하기의 시작이 여름이라는 내용을 추가하느라 바빴다. 그해 여름에는 '빙하기' 라는 아이스크림이 인기 상품이 되었다.

# 멸치가 안 잡히는 이유

'크리스마스 아이' 라는 뜻의 엘니뇨 현상은 무엇일까요?

솔이는 페루의 작은 해안 마을에 살고 있다. 아마 대부분의 사람들은 그 마을에 대해서 들어 본 적도 없을 것이다. 솔이도 자기 마을을 세계 지도에서 찾아보려고 애썼지만 결국 찾지 못했다. 솔이가 사는 마을은 전 세계에 비하면 멸치 눈알만큼이나 작았다. 왜 하필이면 멸치 눈알이냐고? 솔이 마을 사람들은 대부분 멸치잡이로 생계를 꾸려 나가고 있기 때문이다. 솔이 아빠도 멸치잡이, 솔이 할아버지도 멸치잡이, 옆집 철이네 아빠도 멸치잡이였다. 솔이네 집 앞바다는 멸치가 많기로 유명했다. 멸치 얘기가 나왔으니 말인데, 솔이가 세상에서 제일 싫어하는 사람이 바로 멸치를 무시하는 사람들이었다. 왜, 이런 노래도 있지?

'멸치도 생선이니? 랄라라라라~.'

누군가가 멸치를 무시하는 말을 할 때마다 솔이는 소리쳤다.

"멸치 생선 맞아요, 맞고요! 멸치 우리 몸에 정말 좋은 거 아시죠? 칼슘 덩어리라니까요. 그런데 멸치 크기가 작다고 무시하면 안 돼요. 작은 고추가 맵다는 말도 있잖아요. 보이는 게 다가 아니에요. 그렇죠? 저도 키가 작아 학교에서 늘 앞줄에 서요. 하지만 받아쓰기 시험은 늘 1등인걸요."

카랑카랑한 목소리로 이렇게 말하면 어른들은 솔이를 보며 감탄했다.

어느 날 밤, 솔이는 엄마와 아빠의 대화를 몰래 엿듣게 되었다. 일부러 엿들으려고 했던 건 아니었다. 수박을 먹고 잤더니 소변이 너무 마려워 자다 말고 후다닥 화장실로 뛰어갔다. 며칠 전에도 수박을 먹고 화장실 가고 싶은 걸 꾹 참고 자다가, 꿈에 솔이가 예쁜 꽃밭에서 소변을 누는 게 아닌가? 그리곤 왠지 축축한 기분이 들어 잠에서 깼는데, 세상에! 솔이가 이불에 오줌을 싸 버린 것이다. 그 뒤로는 수박을 먹고 자면 무서워도 꼭 화장실에 갔다. 그래서 그날도 화장실에 갔는데, 마침 솔이 아빠와 엄마가 크리스마스 계획을 세우고 있었던 것이다.

"여보, 우리 이번 크리스마스에는 솔이한테 정말 좋은 선물 해 주자."

"아니, 당신은 왜 한여름에 크리스마스 걱정을 해?"

"작년에 솔이한테 아무것도 해 주지 못해 너무 미안해서 계속 마음에 걸렸거든. 1년 동안 우리 솔이 정말 예쁜 짓만 했는데 올해도 선물 못 줘 봐, 산타클로스가 세상에 없을 거라고 믿을 거 아냐?"

"그럼, 우리 남은 반년 동안 정말 열심히 멸치 잡아서 올 크리스마스에는 솔이 예쁜 코트 하나 선물로 사 주자."

그 말을 듣고 화장실에 다녀오던 솔이가 안방으로 뛰어 들어갔다.

"아빠, 나 코트 말고!"

그 말에 솔이 부모님은 깜짝 놀랐다.

"아니, 너 어디서부터 들었니?"

"나 예쁜 코트 얘기밖에 못 들었어. 나 코트 말고 귀여운 강아지 사 줘요, 응?"

"우리 솔이가 강아지가 갖고 싶었구나. 아빠한테 강아지 사 달라고 하지 말고, 산타클로스한테 강아지 갖고 싶다고 해야 크리스마스 때 선물로 받지. 얼른 들어가서 자요."

솔이 아빠는 솔이가 산타클로스가 세상에 없다는 걸 알까 봐 노심초사했지만 이미 눈치 빠른 솔이는 몇 년 전부터 다 알고 있었다. 왜냐하면 아빠의 멸치잡이가 잘되던 해에는 인형, 옷 등 선물이 산더미처럼 쌓였지만, 일거리가 없어서 아빠가 집에 많이 있던 해에는 선물이 없었던 것이다. 하지만 솔이는 아빠가 속상해 할까 봐 일부러 모른 척했다.

"오늘부터 매일 매일 산타클로스한테 기도할 거야. 그럼 이번 크리스마스엔 꼭 귀여운 강아지를 선물로 주시겠지? 산타클로스 할아버지, 기대할게요. 호호호!"

솔이는 이렇게 말하고 나서 방으로 돌아갔다. 솔이의 그런 모습을 본 부모님이 살며시 웃으셨다.

다음 날부터 솔이 아빠는 정말 열심히 멸치잡이 일을 했다. 솔이에게 예쁜 강아지도 사 주고 싶고, 그 동안 고생해 온 아내를 위해 따뜻한 장갑이라도 하나 선물하고 싶었기 때문이다.

어느새 아침저녁으로 쌀쌀해지면서 바람이 불기 시작했다. 하지만 겨울이 될수록 솔이 아빠의 주름살은 깊게 파여 갔다.

"여보, 무슨 걱정 있어요? 요즘 따라 당신 많이 힘들어 보여요."

"여보, 크리스마스가 가까워지는데도 바다가 따뜻해져서 멸치가 예전처럼 많이 잡히질 않는구려. 생각해 보니, 매년 크리스마스가 가까워지면 멸치 생산량이 줄어들었던 것 같아."

"겨울이 다가오는데 바다가 따뜻해진다고요? 어떻게 그렇죠? 겨울이 되면 바닷물이 더 차가워지는 거 아닌가요?"

"그게 이상하단 말이야. 매년 크리스마스 즈음 되면 바다가 점점 따뜻해져. 그래서 멸치 생산량이 줄어들거든. 휴! 이번에는 꼭 솔이한테 예쁜 강아지를 크리스마스 선물로 사 주고 싶었는데…… 이 상태로 가다간 올 겨울 생계 꾸려 나가기도 힘들겠소."

"그럼, 이렇게 속수무책으로 가만히 있지 말고, 우리 지구법정에
그 이유를 물어볼까요?"

"그게 좋겠소. 당장 지구법정에 의뢰해 봅시다."

엘니뇨는 스페인어로 '크리스마스 아이'라는 뜻으로,
미국 남동부 해안의 폭풍과 홍수 그리고 동남아시아와
서태평양 지역의 가뭄 때문에 생기는 이상 기후를 말합니다.

**엘니뇨 현상이 무엇일까요?**
지구법정에서 알아봅시다.

페루의 멸치 생산량 감소 이유를 밝혀 달라는 의뢰가 들어왔습니다. 먼저 지치 변호사, 의견 말씀해 주세요.

멸치가 페루 해안에 많이 올 때도 있고, 다른 바다에 먹을 게 많으면 안 올 수도 있는 것 아닙니까? 이게 지구와 무슨 관계가 있다는 건지 잘 이해가 되지 않습니다. 그러므로 이 재판은 할 필요가 없다고 생각합니다.

정말 답답한 변호사군!

저 말입니까?

그렇소. 그럼 어쓰 변호사 의견 말씀해 보세요.

이상 기후 연구소의 이상해 소장을 증인으로 요청합니다.

이상하게 생긴 모자를 뒤집어쓴 30대 남자가 증인석에 앉았다.

페루 해안에서 멸치 생산량이 감소한 이유가 뭐죠?

그것은 이상 기후 현상의 하나입니다. 엘니뇨 현상이라고 하죠.

그게 뭐죠?

엘니뇨는 미국 남동부 해안의 폭풍과 홍수, 그리고 동남아시아와 서태평양 지역의 가뭄 때문에 생기는 이상 기후를 말합니다.

그렇다면 엘니뇨가 무슨 뜻이죠?

스페인 말로, '크리스마스 아이' 라는 뜻입니다.

왜 그런 이름이 붙은 거죠?

엘니뇨 현상이 크리스마스 때 가장 두드러지게 나타나기 때문에 그런 이름이 붙은 것입니다.

엘니뇨 현상에 대해 좀 더 자세히 설명해 주시겠습니까?

엘니뇨 현상의 원인은 열대 태평양 지역의 기압과 바다의 표면 온도입니다. 1997년에서 1998년 사이에 엘니뇨 현상이 일어났을 때 해수의 온도는 정상적인 바다 온도보다 5°C가 높았습니다. 이렇게 바다의 온도가 올라가면서 이상한 징조들이 나타났지요.

그것 때문에 멸치가 줄어든 건가요?

그렇습니다. 페루 해안이 더워지자 멸치들이 좀 더 수온이 낮은 다른 바다로 움직인 거죠. 그래서 멸치의 양이 줄어든 것입니다. 그러니까 멸치의 양이 줄어들기 시작하면 엘니뇨 현상이 나타난 것이라고 보면 됩니다.

잘 들었습니다. 그렇다면 페루 해안의 멸치 감소는 엘니뇨 현

상 때문이라고 말할 수 있겠군요. 하루 빨리 지구에서 이런 이상 기후가 사라져 사람들이 행복하게 살 수 있기를 바랍니다. 그러기 위해서는 우리 모두가 노력해야겠지요. 이상으로 재판을 마치도록 하겠습니다.

재판이 끝난 후, 페루 어민들은 엘니뇨로 인한 멸치잡이의 피해를 줄이기 위해 많은 노력을 했다.

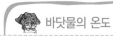 바닷물의 온도

바닷물의 온도는 깊이에 따라 감소한다. 그러므로 바닷물 표면의 온도는 높고 아래는 차가워 일반적으로 안정한 상태를 유지한다.

# 어깨팍 도사의 재앙 예언

지구의 온도가 5℃ 올라가면 과연 지구에 대재앙이 닥칠까요?

사건속으로

지금 어깨팍 도사의 침 튀기는 열변이 한창이다.

"어깨팍 신도들이여, 이 도사의 말을 들어라. 우리
는 얼마 가지 않아 죽게 될 것이다. 하지만 나를 믿
는 자는 살 것이니, 나를 따르라."

"와~."

도사의 연설을 듣던 신도들의 흥분이 하늘 높이 치솟았다.

"신도 여러분, 점점 더 날씨가 더워지고 있습니다. 물론 여름이니
더운 건 당연합니다. 하지만 작년보다 올해가 더 덥다는 게 중요합
니다. 이렇게 하루가 다르게 기온이 올라가게 되면 머지않아 심각

한 재앙이 닥칠 것입니다."

"어깨팍 도사 만세!"

"어깨팍 신도들이여, 만일 5°C만 더 올라가면 심각한 재앙이 닥칠 것이오. 생물들이 살기 힘들어질 것이고, 우리 사람들도 죽어 갈 것이오. 하지만 이 어깨팍 도사를 믿는 자는 살 것이니, 어깨팍 도사를 믿어라."

신도들은 어깨팍 도사의 연설에 흥분하며 어깨팍교의 주제가를 불러댔다.

"어깨팍 어깨팍 어깨팍 팍팍팍팍~."

이렇게 어깨팍 도사의 인기는 하늘 높은 줄 모르고 치솟아 너나 할 것 없이 어깨팍교의 신도들이 되기를 자청했다.

한편 과학공화국 정부에서는 어깨팍 도사의 허무맹랑한 소리에 국민들이 농락당하는 것을 더 이상 지켜볼 수 없다는 의견이 나왔다.

"이대출 장관, 사태가 이렇게 악화될 때까지 무엇들을 한 것이오! 당장 어깨팍 도사에 대해 샅샅이 조사해서 보고서를 제출하시오."

"죄송합니다, 대통령님. 제가 어깨팍 도사의 아지트에 몰래 들어가 확실한 보고서를 제출하도록 하겠습니다."

이렇게 해서 이대출 장관은 어깨팍 도사의 아지트에 들어가게 되었다.

"오~ 새로운 신도가 오늘 또 들어왔습니다. 나를 믿으면 지구의 온도가 올라가 모든 생물이 죽어 갈 때 편하게 살 수 있을 것이오."

"아, 근데 어깨팍 도사님, 지구의 온도가 올라가면 과학공화국에서도 조치를 취해 생물들이 살 수 있지 않겠습니까?"

"허, 뭘 모르는 소리를 하는군요. 과학공화국에서는 아직 이런 사실을 모르고 있소. 이 사실을 알고 있는 건 오직 나뿐이오. 이 많은 신도들을 보시오. 우리 어깨팍 신도들은 나를 믿어 이렇게 행복하게 살 수 있는 것이오. 일단 한번 믿어 보시오. 믿어 보고 안 되면 믿지 말고 죽든가. 근데 죽기 싫으면 나를 믿어야 할 것이오."

은근히 협박조로 이야기하는 어깨팍 도사가 무서웠으나 할 말은 해야 하는 성격의 이대출 장관이라 또 한 번 어깨팍 도사에게 물었다.

"이봐, 어깨팍 도사, 난 과학공화국의 이대출 장관이오! 당신의 허무맹랑한 소리를 듣고 있자니 내가 바보가 된 기분이오. 당신은 과학공화국에서 이런 사실을 모를 것이라 생각했소?"

어깨팍 도사의 어깨가 약간 움찔했다. 그러나 여기는 어깨팍 도사의 아지트라, 그는 어깨를 펴고 당당히 신도들에게 말했다.

"신도들이여, 이 어깨팍 도사의 말을 믿으시오? 아니면 과학공화국에서 왔다는 이 사람의 말을 믿으시오?"

"당연히 어깨팍 도사님을 믿지요!"

"저도 어깨팍 도사님을 믿습니다."

여기저기서 어깨꽉 도사의 말을 믿는다는 소리가 터져 나왔다.

그러자 기세등등해진 어깨꽉 도사가 신도들에게 한마디 했다.

"과학공화국의 이대출 장관이 이 어깨꽉 도사를 모함하려 하고 있소. 더 이상 모함하지 못하게 이대출 장관을 잡아 혼내 주시오."

신도들이 하나 둘 일어나 이대출 장관에게 다가왔다. 위기를 느낀 이대출 장관은 이러면 안 된다고 신도들을 설득했지만, 그들은 이미 어깨꽉 도사를 너무 믿고 있었기 때문에 이대출 장관의 말을 듣지 않고 장관에게 다가갔다.

할 수 없이 신도들을 설득하지 못한 채 도망치듯 어깨꽉 도사의 아지트를 빠져나온 이대출 장관은 대통령에게 보고서를 제출하였다.

보고서를 읽은 대통령이 말했다.

"정말 허무맹랑한 소리군. 이대출 장관, 그곳 분위기는 어떻소?"

"정말 많은 사람들이 모여 어깨꽉 도사의 말을 믿고 있었습니다. 또한 가족이나 친구들에게도 어깨꽉 도사를 믿으라고 설득하고 있었습니다."

대통령은 이대출 장관의 말을 듣자 머리가 어지러워졌다. 한숨을 몰아쉰 대통령이 이대출 장관에게 물었다.

"이대출 장관은 어깨꽉 도사의 말을 믿으시오?"

"아니요, 전 믿지 않습니다. 그러나 많은 사람들이 어깨꽉 도사를 믿고 있으니 어깨팍 도사의 말이 허무맹랑하다는 것을 밝혀 피해가 없도록 해야 할 것입니다."

"그렇군. 그럼 이 문제를 어떻게 했으면 좋겠소?

"우리에겐 지구법정이 있지 않습니까? 이 문제를 지구법정에 의뢰해서 진실을 밝혀야 합니다.

"역시, 이대출 장관이오. 지구법정에서 반드시 진실을 밝히도록 하시오."

지구가 온난화되면 모기의 수가 많아지고
활동도 활발해져서
사람들에게 각종 질병을 옮깁니다.

여기는 지구법정

지구의 온도가 5℃ 올라가면
대재앙이 올까요?
지구법정에서 알아봅시다.

재판을 시작하겠습니다. 먼저 정부 측 변론
하세요.

어깨팍 도사는 사이비 도사입니다. 그는 어
설프게 공부한 과학으로 국민들에게 지구의 온도가 올라가면
대재앙이 닥친다는 유언비어를 전하고 있습니다. 그를 잡아
엄벌에 처해 주십시오.

어깨팍 도사 측 변론하세요.

어깨팍 도사를 증인으로 요청합니다.

덩치 큰 30대 남자가 여러 색깔의 옷감을 붙여서 만든 옷을
입고 증인석으로 들어왔다.

증인은 지구의 온도가 5°C 올라가면 대재앙이 온다고 말하고
다녔습니까?

네.

5°C는 그리 높은 온도가 아니잖아요? 그런데 대재앙이 온다
는 게 말이 됩니까?

지구 온도 5°C 상승은 엄청난 것입니다. 이 정도가 되면 지구는 살 수 없는 환경이 됩니다.

좀 더 자세히 말해 주세요.

지구의 온도가 1°C 상승하면 30만 명 이상이 말라리아, 영양부족, 설사 등으로 죽게 됩니다. 그리고 안데스산맥의 빙하가 사라지고, 5천만 명이 먹을 물이 부족해서 죽지요. 사람뿐만 아니라 수많은 동물들도 죽습니다.

2°C 올라가면 어떻게 되죠?

2°C 올라가면 아프리카에서는 4천만 명 내지 6천만 명이 말라리아에 걸려 죽고, 바다에 사는 1천만 명의 주민이 홍수로 고생하며, 북극곰을 비롯한 15퍼센트 내지 40퍼센트의 생물이 멸종되고, 열대 지방의 농작물 생산량이 급격하게 줄어듭니다.

무시무시하군요. 그럼, 3°C 올라가면요?

3°C 올라가면 1억 5천만 명 내지 5억 5천만 명이 굶어죽고, 남부 유럽에서는 십 년마다 심한 가뭄이 일어납니다. 또한 남아메리카의 아마존 열대우림이 사라지고, 20~50퍼센트 정도의 생물이 멸종합니다.

4°C 올라가면 어떻게 되죠?

4°C 올라가면 7백만 명 내지 3억 명의 해안가 주민이 홍수 피해를 입고, 북극 지방의 툰드라 지역이 절반으로 줄어들죠.

 그렇다면 5°C 올라가면 어떻게 되죠?

5°C 올라가면 바다가 산성을 띠게 되어 해양 생태계가 손상을 입지요. 그리고 히말라야의 빙하가 사라져 중국의 4분의 1 정도 되는 인구와 인도의 수억 명이 물 부족으로 죽게 됩니다. 그러니까 지구 기온이 5°C 이상 올라가면 인간과 생물이 대량으로 죽게 되는 대재앙이 오는 것이지요.

끔찍하군요.

판결하겠습니다. 어깨곽 도사의 주장이 과학적으로 틀리지 않았음을 인정합니다. 도사의 포교 활동은 지구의 온도가 올라가는 것을 막자는 취지이므로, 정부로부터 보호받아야 할 것이라고 판결합니다. 이상으로 재판을 마치도록 하겠습니다.

재판이 끝난 후, 어깨곽 도사의 인기는 점점 더 치솟았고, 많은 사람들이 그에게 몰려들어 지구의 온도 상승을 막기 위한 여러 가지 노력을 기울였다.

 툰드라

툰드라(Tundra) 지역은 주로 시베리아 등 추운 고위도 지방을 일컫는다. 툰드라 지역의 땅속에는 일 년 내내 녹지 않는 영구동토가 위치해 있다. 또한 툰드라 지역은 강수량이 적다.

# 티베트 때문에 생긴 사막

티베트 때문에 주변 국가가 사막으로 변할 수 있을까요?

지현이는 티베트에 사는 호딩요와 지난 1년간 국제 펜팔을 해 왔다. 그래서 이번 여름방학에 티베트에 놀러 오라는 호딩요의 초청을 받고 지현이는 티베트에 가게 되었다.

"지현아, 너 혼자 비행기 타고 갈 수 있겠니? 이 엄마는 걱정이다."

"엄마는…… 내가 무슨 어린애야? 이제 초등학교 6학년이라고. 우리나라 바로 옆이니까 한두 시간 정도 비행기에 앉아 있다가 내리면 티베트 공항에 호딩요가 나와 있을 거야."

"이 녀석아, 초등학교 6학년이 어린애지, 어른이야? 몸조심하고, 사진 많이 찍고, 엄마 선물은 사슴뿔 목걸이 사 와야 해."

"호호, 사슴뿔 목걸이? 오케이~. 그럼 엄마 나 이제 비행기 탄다. 한 달 뒤에 봐요. 건강히 잘 계세요. 티베트인이 되어 돌아올게."

지현이는 그렇게 티베트행 비행기에 올랐다. 비행기를 처음 타 보는 지현이는 창 밖을 내다보며 신이 났다.

'어머, 구름이 무슨 솜사탕 같아. 세상에! 집과 아파트가 다 장난감 같잖아? 하느님이 우릴 내려다보면 진짜 작은 개미 같아 보이겠는걸! 그런데 영화 같은 데서 보면 식사를 주던데. 치킨 스프나 햄버거 스테이크 같은 거 왜 안 주지?'

아무리 둘러봐도 밥 줄 기미가 보이지 않자 지현이는 지나가던 스튜어디스를 불렀다.

"저기, 제가 오늘 비행기를 처음 타는 게 아니라 다섯 번째 타는 건데요. 왜 밥 안 주죠?"

"안녕하세요, 고객님. 원래 단거리 비행에는 식사가 제공되지 않습니다. 잠시 후 음료수가 제공될 예정입니다. 감사합니다."

스튜어디스의 말에 창피해진 지현이는 기내 화장실로 뛰어갔다. 그런데 아무리 화장실 문을 열려고 해도 문이 안 열리는 게 아닌가?

'어라, 이상하네. 분명 손잡이를 돌려서 문을 밀면 열려야 하

는데…….'

당황한 지현이는 다시 좌석에 와 앉았다. 예쁜 스튜어디스 언니들에게 물어보고 싶었지만, 비행기 처음 타는 것을 들키고 싶지 않았던 지현이는 꾹 참았다. 그런데 가만히 보니 사람들이 화장실에 들락날락하는 것이다. 지현이는 다시 한 번 화장실에 가 보았지만 역시 잘 열리지 않았다. 지현이는 얼굴이 빨개져 다시 좌석에 돌아와 앉아 꾹 참았다.

티베트 공항에 도착하자 사진으로만 봤던 호딩요가 지현이를 기다리고 있었다.

"너, 지현이지? 난 호……."

"으악, 잠깐만! 나 화장실 좀!!!"

지현이는 화장실을 찾아 후다닥 뛰어갔다. 호딩요의 얼굴이 순간 멍해졌다. 황급히 볼일을 본 지현이는 부끄러워 얼굴이 빨개진 채 화장실을 나왔다.

"미안해, 내가 화장실이 너무 급해서. 비행기 안에서도 계속 참았거든."

얼굴이 빨개진 지현이가 귀여워 호딩요는 웃음이 났다.

"지현아, 티베트에 온 걸 환영해. 아마 공항을 나서는 순간 너는 티베트의 매력에 푹 빠져들 거야. 나도 네가 얼마나 보고 싶었는지 몰라."

호딩요의 진심 어린 환영에 지현이는 무척 기뻤다. 둘은 티베트 공항을 나섰다. 그런데 공항을 나서는 순간 지현이는 자신의 눈을 의심하지 않을 수 없었다.

"아니, 공항 밖에 왜 사슴이 걸어 다니고 있어? 으악, 저건 코끼리 아냐? 혹시 공항 밖이 바로 동물원이야? 세상에, 기린도 있어. 혹시 비행기 사고 나서 죽었는데 나만 모르고 있는 거 아냐? 그럼, 나 천국 온 건가? 혹시 티베트에서 주만지 게임이라도 열린 거야?"

"하하하, 지현이 넌 농담도 참 잘하는구나. 우리나라는 아주 거대한 초원을 가지고 있어. 우린 가축을 숭배하기 때문에 초원에 풀어 놓고 마음껏 자랄 수 있도록 놔두는 거야. 그 결과, 지금은 가축이 우리 티베트 전체를 뒤덮을 정도가 되었지만……."

"정말? 아, 그래서 우리나라에 비가 잘 안 오면서 농사짓기가 힘들어진 거야. 이게 다 너희 나라 가축들 때문에 그런 거라고."

"하하, 뭐라고? 말도 안 되는 소리 하지 마! 우리나라에 가축이 많다고 해서 주변 나라에 비가 안 온다는 게 말이 되니?"

"정말이야. 넌 너희 나라에서 주변국에 보상을 해 줘야 한다고 생각하지 않니?"

"뭐? 우리나라가 왜 주변국에 보상을 해 줘야 해? 지현이, 너 가만 보니 좀 억지가 세구나."

"뭐? 억지가 세다고? 그럼 지구법정에 의뢰해 보면 될 것 아냐! 티베트 주변국에 비가 잘 내리지 않아 농사짓기가 힘들어진 이유가 티베트의 수많은 가축들 때문이라면 너희 나라는 분명히 우리에게 보상해야 할 거야."

"혹시 너희 주변국 사람들이 다 너처럼 고집불통에 말도 안 되는 억지 잘 부려서 하느님이 비를 안 주시는 것 아냐? 좋아, 지금 당장 지구법정에 의뢰해 보자고!"

초식동물이 건조 지역의 식생을 소비하면 지표면의 반사율이 증가하여
우주 공간으로 반사되는 태양 복사에너지 양이 증가하게 되고, 이 때문에
지표면이 냉각됩니다. 냉각된 지표면에서는 건조한 하강기류가 형성되고,
이로 인해 강우량이 감소하여 점차 사막화되는 것이지요.

여기는 지구법정

티베트 때문에 주변 국가에
비가 내리지 않는 이유는 무엇일까요?
지구법정에서 알아봅시다.

재판을 시작하겠습니다. 먼저 티베트 측 변

호사 변론하세요.

티베트에서 가축을 키우는 것과 주변 국가간

에 무슨 관계가 있습니까? 티베트의 가축이 주변국으로 간 것도

아니잖아요? 티베트 사람들이 가축을 키우는 걸 좋아해서 그런

건데, 나라마다 그 정도의 자유는 있는 것 아닙니까, 판사님?

주변국 측 변호사 변론하세요.

사막화 연구소의 이모래 소장을 증인으로 요청합니다.


얼굴에 조그만 모래 같은 점이 많이 난 30대 남자가 증인석
에 앉았다.


증인이 하는 일은 뭐죠?

지구의 사막화에 대한 연구를 하고 있습니다.

왜 사막화가 일어나는 거죠?

비가 많이 오지 않아 가뭄이 오랫동안 지속되면 식물들이 잘

자라지 않는 사막이 만들어지지요.

 그럼, 티베트의 가축이 주변국의 사막화를 가지고 올 수 있나요?

 티베트처럼 가축들이 전국을 뒤덮을 정도가 되면 나무 숲이 파괴되고 풀들이 자라지 않는 땅이 됩니다. 그러면 티베트의 땅에서는 태양에너지를 더 많이 반사시키게 되고, 이에 따라 지표면이 차가워지게 되지요. 그럼 차가워진 지표면으로 건조한 공기가 내려와 강우량이 줄어들게 되면서 사막으로 변하게 되는 거죠. 물론 그 영향은 주변국의 땅에도 미치게 되어 티베트뿐 아니라 주변국까지 사막으로 만드는 사막화 과정이 진행되는 것입니다.

 증인 얘기 잘 들었습니다. 증인의 말대로 티베트가 가축 천국이 되어 숲이 훼손되면서 자신의 나라뿐 아니라 주변국까지도 사막화시킨다는 점이 인정되므로 티베트는 가축의 수를 현재의 10분의 1로 줄일 것을 판결합니다. 이상으로 재판을 마치도록 하겠습니다.

재판이 끝난 후, 후 티베트 정부는 지구법정의 판결을 받아들여 가축의 수를 10분의 1로 줄이고 남은 가축들은 다른 나라로 수출했다.

 강우량

강우량은 어떤 기간 동안에 내린 비의 양을 말한다. 강우량은 비의 양만을 잰 것이고, 강수량은 비나 눈처럼 강수 과정으로 형성된 모든 것을 잰 양을 말한다.

# 금두꺼비가 줄었어요

이상 기후로 인해 개구리, 두꺼비 같은 양서류가 멸종하는 이유는 무엇일까요?

노총각 박 사장은 코스타리카라는 나라에서 '골드 뚝 애완숍'을 운영하고 있다. 애완숍하면 대부분 강아지나 고양이를 떠올리겠지만 코스타리카에서 가장 인기 있는 애완동물은 바로 금두꺼비이다. 이 금두꺼비는 귀하고 잘 볼 수 없기 때문에 금두꺼비가 '골드뚝 애완숍'에 들어오는 날, 사람들은 애완숍 앞에 길게 줄을 선다. 물론 예약자만 해도 100명이 넘는다. 하지만 숍에 들어오는 금두꺼비는 한 마리뿐이다. 그렇기 때문에 보통 경매로 판매가 된다.

"자, 드디어 기다리고 기다리던 금두꺼비가 왔습니다. 10만 달란부터 시작하겠습니다."

"12만 달란!"

"20만 달란!"

"25만 달란!"

"자, 더 안 계십니까? 그럼 25만 달란에 낙찰되겠습니다."

"안 돼요. 가격을 더 부르겠어요. 제가 100만 달란에 살게요."

"저는 110만 달란!"

금두꺼비의 가격은 계속해서 치솟았다. 박 사장은 신이 났다. 110만 달란을 부른 여자의 얼굴을 보니 띠용~ 박 사장이 그토록 애타게 기다리고 기다리던 이상형이 아닌가?

"여기 120만 달란!"

"안 됩니다. 거래 종료되었습니다. 110만 달란을 부른 예쁜 여자 분이 이제 금두꺼비의 주인이 되셨습니다. 이쪽으로 나오시죠."

박 사장은 여자의 얼굴을 보며 싱글벙글했다.

"자, 여기 금두꺼비 있습니다. 아가씨가 너무 예뻐서 제가 딱 50만 달란만 받겠습니다. 히히, 성함이라도 좀……."

"저요? 제 이름은 부녀예요, 유부녀."

"아, 이름이 유부녀시군요. 저는 혹시나 진짜 결혼했다는 말인 줄 알고 깜짝 놀랐습니다."

"어머, 저 결혼했어요. 애들이 세 명인걸요. 애들이 어디 갔지? 아, 저기 있네. 애들아, 엄마가 이 금두꺼비 50만 달란에 샀어. 히히히!"

박 사장은 하늘이 노래지는 것을 느꼈다.

"죄송합니다, 유부녀 씨. 제가 부가액이 60만 달란이라는 말을 미처 못 드렸네요. 110만 달란 주셔야 합니다."

"뭐라고요? 조금 전에 50만 달란만 받는다고 하셨잖아요?"

"흥, 50만 달란 받고 어떻게 팔아? 사지 마! 안 팔아!"

"뭐, 이런 웃긴 아저씨가 다 있어? 자, 여기 110만 달란이다! 돈 들고 가 버려!"

"아저씨? 내가 어딜 봐서 아저씨야? 잘생긴 총가이지!"

박 사장은 소리를 지르며 돈을 받았다. 화가 난 유부녀는 금두꺼비를 가지고 아이들과 휙 나가 버렸다.

'휴! 왜 내 이상형들은 다 결혼을 했을까? 혹시 내 이상형이 아줌마 아냐? 으악! 그러면 큰일인데…….'

박 사장이 터덜터덜 걸어 애완숍으로 들어오는데 아르바이트생인 꽃날이가 급히 뛰어왔다.

"사장님, 사장님!"

"뭐야? 뭐가 그렇게 급해?"

"금두꺼비 찾아서 저희 숍으로 대주시는 최아저씨 있잖아요. 조금 전에 그 아저씨한테 그만둔다고 전화 왔어요."

"뭐야? 갑자기 그만두면 나는 장사 어떻게 하라는 거야? 당장 전화 걸어 봐."

'뚜르르르 뚜르르르…….'

"최씨요? 갑자기 금두꺼비 찾는 일을 그만둔다고 하면 어쩌잔 말이오? 지금 나 골탕 먹이려고 작정했소?"

"박 사장, 나 이제 금두꺼비 안 찾을라요. 요즘 금두꺼비 찾기가 하늘의 별 따기인 것 아시오? 갈수록 금두꺼비 수가 줄어서 이젠 찾으려야 찾을 수도 없어요. 나도 먹고 살아야 하니 이 일 그만두겠소. 뚜뚜뚜……."

수화기를 내려놓은 박 사장이 화가 나서 소리를 질렀다.

"꽃날아, 내 짐 좀 챙겨 봐. 이제 내가 직접 금두꺼비를 잡으러 다닐 테다. 우선 손전등이랑 채집망만 챙겨다오."

박 사장은 그렇게 손전등과 채집망을 들고 금두꺼비를 찾으러 나섰다. 하지만 몇 날 며칠을 눈을 비비며 금두꺼비를 찾으러 다녔지만 금두꺼비의 다리 한 쪽도 보이지 않았다.

"아니, 이놈의 금두꺼비들이 다 어디 간 거야?"

금두꺼비를 찾다 지친 박 사장은 숍으로 전화를 걸었다.

"그래, 꽃날아 나야. 장사는 어떻게 잘 되고 있어?"

"사람들이 와서 금두꺼비 좀 구해 달라고 난리예요. 그런데 사장님, 금두꺼비 못 찾으셨죠?"

"어라? 꽃날아, 내가 금두꺼비 못 찾은 건 어떻게 알았어?"

"사장님, 제가 신문에서 읽었는데 금두꺼비 수가 점점 줄어들어 이제 거의 멸종 단계에 이르고 있대요. 그러니 못 찾는 게 당연하죠."

"그게 진짜야? 이제 우리 밥줄은 다 끊어졌다. 아이고, 아이고! 그런데 금두꺼비 수가 도대체 왜 줄어든대?"

"그걸 제가 어떻게 알아요? 알면 제가 여기서 아르바이트나 하고 있겠어요? 사장하지!"

"어이구, 내가 저런 아이를 아르바이트생이라고 쓰고 있다니. 끊어!"

박 사장은 전화를 끊고 금두꺼비가 멸종 단계에 이른 이유를 곰곰이 생각해 봤다. 하지만 도저히 그 원인을 알 수가 없었다. 그래서 박 사장은 이 문제를 과학공화국 지구법정에 의뢰해 보기로 했다.

지구의 이상 기후는 개구리, 두꺼비, 도롱뇽 같은 양서류의
피부를 손상시켜 세균에 쉽게 감염되게 합니다.

**금 두꺼비는 왜 줄어들었을까요?**
지구법정에서 알아봅시다.

재판을 시작하겠습니다. 먼저 지치 변호사,
의견을 말씀해 보세요.

금두꺼비가 너무 예뻐서 누가 다 잡아 버린
거 아닌가요? 그렇지 않고서야 그렇게 많던 금두꺼비가 사라
질 이유가 없잖아요? 이 문제는 일반법정으로 넘겨 금두꺼비
를 모두 잡아 간 범인을 찾는 게 좋겠습니다.

정말 한심한 의견이군요. 그럼, 어쓰 변호사 변론하세요.

이상 기후에 관한 연구로 유명한 이상기 박사를 증인으로 요
청합니다.

노랗게 머리를 물들인 30대 남자가 증인석으로 달려 나
왔다.

증인은 무엇을 연구하고 있죠?

지구의 이상 기후와 생태계의 변화에 대해 연구하고 있습
니다.

그럼, 금두꺼비가 사라진 것도 이상 기후와 관련 있다는 말씀

인가요?

 그렇습니다. 금두꺼비는 금색보다 오렌지색에 가까운 아주 작은 두꺼비입니다. 금두꺼비는 코스타리카의 몬타베르데 숲에 사는데, 지구의 온도가 올라가면서 이 동물이 사라져 버렸어요.

 어째서 그런 일이 일어난 거죠?

 1970년대 중반부터 몬타베르데 숲의 공기가 건조해졌어요. 촉촉하고 빛나는 피부를 가진 금두꺼비에게 건조한 공기는 살기 힘든 조건이었지요. 이러한 기후 변화는 개구리와 두꺼비, 도롱뇽 같은 양서류의 피부를 손상시켜 세균에 감염되는 질병을 일으키게 하죠. 그래서 개구리와 두꺼비 50종 가운데 20종이 사라지고 숲도마뱀이 멸종되었어요. 물론 금두꺼비도 그때 멸종된 것입니다.

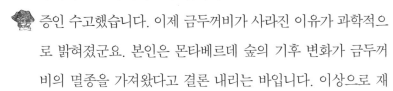 증인 수고했습니다. 이제 금두꺼비가 사라진 이유가 과학적으로 밝혀졌군요. 본인은 몬타베르데 숲의 기후 변화가 금두꺼비의 멸종을 가져왔다고 결론 내리는 바입니다. 이상으로 재

 양서류

양서류는 어릴 때는 아가미로 호흡하면서 물에서 살고, 어른이 되면 허파로 공기를 이용하여 호흡하면서 땅에서 산다. 이렇게 물과 땅 양쪽에서 서식하기 때문에 양서류라고 한다.

판을 마치도록 하겠습니다.

재판이 끝난 후, 코스타리카에서는 살아 있는 금두꺼비를 모두 정부에서 수거하여, 인공적으로 금두꺼비가 번식할 수 있는 금두꺼비 공원을 만들었다.

# 비 때문에 물고기가 줄었어요

물속에 사는 물고기도 산성비의 영향을 받을까요?

"여보, 당신 오늘 뭐해? 나는 오늘 계모임 있어서
친구들 좀 만나야 하는데."

"어디? 어떤 친구들인데? 또 저번처럼 공원에서 쓸
데없는 짓 하면 가만히 안 둬!"

"내가 무슨 쓸데없는 짓을 했다고 그래? 그냥 친구들하고 어울려
놀 건데 왜?"

수재 할아버지는 질투심이 많은 사람이었다. 얼마 전 나무 여사
가 집 근처 공원에서 남자, 여자 친구들과 섞여서 노는 걸 우연히
목격한 후로 질투가 더 늘었다.

"하여튼 내가 벼르고 있으니까 조심해! 늙은 사람들이 주책이
야, 아주. 당신 나이가 지금 몇 살인데 아직도 그렇게 놀러 다녀?
갔다 와!"

"참나, 정말 저 늙은이! 갔다 올게!"

나무 여사는 친구들을 만나러 나갔다. 수재 할아버지는 휴일이라
심심하고 특별히 할일도 없고 해서 TV를 보고 있었다.

뉴스 특보입니다. 요즘 인터넷 사기가 많다고 합니다. 인터넷 사
용자들의 각별한 주의가 요구됩니다. 불법 광고물을 분포시켜 남성
들의 호기심을 자극한 후 개인정보를 빼내 거액의 대출을 받고, 해
킹으로 돈을 빼내는 등 그 수법이 아주 다양해지고 있습니다. 날이
갈수록 피해자들이 속출하고 있습니다.

저런, 저런, 쯧쯧쯧. 잘 알아보고 하지 않고 저런 사기를 왜 당하
는지 모르겠단 말이야. 매일 컴퓨터 보는 난 한 번도 당한 적 없는
데…… 거 참, 바보 같은 사람들도 다 있네. 아이고, 이제 슬슬 인
터넷이나 한번 해 볼까?'

수재 할아버지는 인터넷을 즐겨 했다. 그는 여느 할아버지들과
달리 컴퓨터를 잘 다룰 줄 알았다. 하지만 보는 것은 딱 한 가지였
다. 컴퓨터에 접속한 뒤 여느 때와 마찬가지로 동영상을 보고 있었
다. 그때 갑자기 수재 할아버지의 정신을 흩트려 놓을 정도로 재미

있는 팝업 창이 떴다. 수재 할아버지가 더 재미있는 것을 보기 위해 클릭하는 순간 컴퓨터가 꺼져 버렸다. 수재 할아버지는 별거 아니겠지 생각하고는 컴퓨터를 다시 켰다. 그런데 어느새 컴퓨터가 해킹을 당해 수재 할아버지의 정보를 다 빼 가고 있었다. 하지만 수재 할아버지는 이 사실을 몰랐다.

"이거 뭐야! 컴퓨터가 오래돼 그런가? 좀 기다려 봐야겠군."

한편 나무 여사는 친구들과 어울리느라 정신이 없었다. 초등학교 때로 돌아가 손수건 돌리기를 하며 재미있는 시간을 보내고 있었다. 옛 추억이 떠오르는 행복한 시간이었다. 나무 여사는 수재 할아버지가 인터넷으로 동영상을 보고 있을 거라고는 꿈에도 생각하지 못했다. 시간이 흘러 나무 여사가 집으로 돌아왔다.

"여봉! 뭐 하고 있어?"

"아~ 왔어? 컴퓨터가 고장이 나서 고치려고. 이놈의 컴퓨터가 갑자기 왜 말썽인지 모르겠네."

얼마 후 컴퓨터가 다시 켜졌다.

"어? 되네! 아이고, 이놈 덕분에 오늘 하루 다 날렸다!"

하지만 바이러스가 침투했는지 컴퓨터가 예전처럼 작동하지 않았다. 의심이 생긴 수재 할아버지는 혹시나 싶어 통장을 조회해 보았다. 그런데 이게 무슨 일인가! 통장 잔고가 0이었던 것이다. 바보들이나 당한다고 생각했던 사기를 자신이 동영상을 보고 있는 동안 당한 것이다.

"아이고! 이게 무슨 일이야! 아우~ 환장하겠네!"

"무슨 일이야? 이 주책바가지 늙은이야! 그러게 동영상은 왜 봤어! 내가 못 살아, 정말!"

"통장에 얼마 안 들어 있어서 괜찮아. 너무 걱정하지 마. 미안해. 내가 해결할 거니까 걱정하지 마!"

수재 할아버지는 경찰에 신고했고, 다행히 서투른 범인이 잡혔다. 경찰도 수재 할아버지에게 주의를 주고 그 범인은 철창신세를 졌다.

그로부터 며칠이 지난, 어느 휴일이었다. 수재 할아버지는 또다시 인터넷을 검색하며 휴일을 즐기고 있었다. 인터넷에서 각종 뉴스와 먹을거리, 볼거리 등을 보다 보면 전 세계를 앉아서 보는 듯한 느낌이 들었다.

그날은 과학에 관한 재미있는 글을 하나 보게 되었는데, 어느 과학자의 글이었다. 산성비가 증가하면서 어류의 수가 급격히 감소한다는 내용이었다. 그 글의 댓글에는 여러 가지 의견이 올라와 있었다. 물을 살려야 하고, 물 없이는 살 수 없는 세상이기 때문에 우리가 환경을 오염시키지 않도록 노력해야 한다는 말과 그 밖에 여러 가지 좋은 의견들이 있었다. 하지만 수재 할아버지는 생각이 달랐다.

"어류는 물속에서 사는데 산성비랑 무슨 상관이 있다는 거야? 이거, 완전 바보 과학자 아니야? 이런 글은 당장 삭제해 줘야 해!"

수재 할아버지는 댓글에 '바보 과학자는 지금 당장 이 글을 삭제하고, 바보 같은 말을 하지 않도록 노력하라!' 라고 적어 놓았다.

　"이히히! 이제 이 바보 같은 과학자는 내 댓글을 보고 올바른 글을 올리려고 노력하겠지? 나는 이 나라의 질서를 바로잡는 사람이야, 아하하!"

　얼마 후 수재 할아버지 집에 지구법정으로부터 편지가 한 통 도착했다. 나무 여사는 너무 궁금해 열어 보았다.

　"악! 이게 뭐야? 여보, 당신 컴퓨터로 뭐 한 거야?"

　"뭘? 줘 봐, 뭔데? 엥? 켁!"

　"나 정말 열불 나서 죽겠어! 컴퓨터로 무슨 일을 한 거야, 대체!"

　그 편지 속에는 얼마 전 수재 할아버지가 댓글을 달았던 과학자가 수재 할아버지를 지구법정에 고소하겠다는 내용이 들어 있었다.

산성 물질은 지하수나 기타 수역에 금속이온을 방출하는데
특히 알루미늄 이온은 물을 오염시켜 사람의 뇌신경을
파괴하기도 합니다. 산성비에 의한 알루미늄 농도가 높은 장소일수록
알츠하이머병과 같은 노인성 치매 발생률이 높다고 합니다.

산성비 때문에 정말 물고기가 줄어들까요?
지구법정에서 알아봅시다.

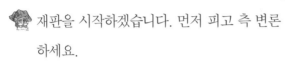

🏴 재판을 시작하겠습니다. 먼저 피고 측 변론
하세요.

👨‍🦱 잘못된 과학 기사에 대해서 네티즌은 댓글
을 달 권리가 있습니다. 산성비는 사람들의 건강이나 유적에
영향을 줄 수는 있지만, 물속에 사는 물고기들이 산성비의 영
향을 받는다는 것은 있을 수 없는 일입니다. 그러므로 피고 측
의 무죄를 주장합니다.

🏴 원고 측 변론하세요.

👨 산성비 연구소의 이산성 소장을 증인으로 요청합니다.

깔끔한 외모에 밝은 색 티셔츠를 입은 30대의 잘생긴 남자
가 증인석에 앉았다.

👨 증인이 하는 일은 뭐죠?

🧑 산성비에 대한 연구를 하고 있습니다.

👨 산성비 때문에 물고기가 점점 줄어든다는 게 사실인가요?

🧑 그렇습니다.

🐑 그 이유가 뭐죠?

🧑 산성비에는 산성 물질이 섞여 있습니다. 이것이 비와 함께 내려 강과 호수로 흘러듭니다. 물속에도 염기성 물질이 있어서 흘러 들어온 산성 물질을 중화시키지만, 염기성 물질이 다 떨어지면 갑자기 물의 산성화가 진행되지요.

🐑 물이 산성화되면 안 좋은가요?

🧑 물론입니다. 산성 물질은 우리가 먹는 물로 사용하는 지하수나 기타 수여에 금속 이온을 방출하는데, 특히 알루미늄 이온은 물을 오염시켜 이 물을 먹은 사람의 뇌신경을 파괴하기도 합니다. 그리고 산성비에 의한 알루미늄 농도가 높은 장소일수록 알츠하이머병과 같은 노인성 치매 발생률이 높다고 하지요.

🐑 무시무시하군요. 또 다른 피해는 없습니까?

🧑 물이 산성화되면 플랑크톤이 사라집니다. 그로 인해 플랑크톤을 먹고 사는 물고기들이 죽고, 먹이사슬에 의해 작은 물고기를 먹는 큰 물고기까지 죽게 되지요. 더군다나 산성이 더욱 심해져 pH가 4.5 이하가 되면 알루미늄이 물에 녹기 시작하면서 물고기의 아가미에 알루미늄 이온이 붙어 물고기가 숨을 쉴 수 없게 만듭니다. 그래서 물고기가 모두 죽게 되지요.

🐑 끔찍한 재앙이군요. 그렇죠, 판사님?

판결하겠습니다. 산성비가 물속의 생물들에게도 안 좋은 영향을 준다는 것이 사실로 확인되었습니다. 그러므로 원고 측의 고소를 기각합니다. 이상으로 재판을 마치도록 하겠습니다.

재판이 끝난 후, 수재 할아버지는 자신의 홈페이지에 자신의 잘못을 사과하는 글을 올렸다. 그리고 지금은 산성비를 막는 인터넷 동호회에 가입하여 적극적인 활동을 하고 있다.

 이온

원자는 양의 전기를 띤 원자핵과 그 주위를 돌고 있는 음의 전기를 띤 전자로 이루어져 있어 전기적으로 중성을 띤다. 그런데 원자가 전자를 잃어버리거나 얻어서 전기를 띠게 된 상태를 이온이라고 한다. 산성화된 물에서 알루미늄과 같은 금속은 전자를 잃어버리고 양의 전기를 띤 이온이 된다.

# 사라지는 명태

지구온난화로 바닷물의 온도가 상승할까요?

"민웅아, 밥 먹자. 주나야, 밥 먹어. 여보, 애들아 밥 먹어."

애교 섞인 코맹맹이 목소리가 순채네 집에 울린다. 대가족이라 식사 시간만 되면 부를 사람이 많다. 밥쟁이 뚱보 할머니 나무늬 여사는 항상 가족들에게 맛있는 밥을 선사한다.

"여보, 날씨도 더운데 오늘 바닷가로 놀러 갈 수 있어? 휴가도 한 번 안 갔잖아. 따분하기도 하고, 집에 있으니까 살만 더 찌는 것 같아."

"아이고, 이 한심한 뚱보야! 놀러 갈 생각만 하지 말고 운동을 해, 운동을!"

순채 할아버지는 일은 안 하고 놀러 갈 생각만 하는 사람을 제일 싫어했다.

"아이고, 아버지 그러지 마시고 우리도 휴가 같은 휴가 한번 가요. 만날 세숫대야에 발만 담그고 있으려니 정말 진절머리가 난단 말이에요. 그러지 말고 한번 가요~. 네? 네?"

'딱!'

순채의 숟가락이 주나의 머리통에 꽂혔다.

"아악! 아버지, 너무하세요! 아, 아퍼! 피 나는 거 아냐? 야, 여기 좀 봐."

"거참, 아버지는 왜 밥 먹는데 사람을 꼭 그렇게 때리세요. 밥 먹을 때는 뭐도 안 건드린다던데! 너무하세요, 정말. 거~참!"

"이 녀석들이 정말! 다들 혼쭐이 나 봐야 알겠어?"

'딱! 딱! 딱!'

숟가락이 소용돌이를 치며 가족들의 머리를 공격했다. 아이들은 밥 먹다 말고 전부 도망갔고 주나, 나무늬 여사, 민옹이는 머리를 움켜쥐고 고통스러워했다. 다행히 나무늬 여사와 주나는 머리에 볼륨파마를 한 상태라 충격이 덜했지만, 민옹의 머리는 화끈거리며 혹이 볼록하게 올라왔다.

"에이! 아버지 정말 아파 죽겠어요. 아, 무슨 숟가락이 돌이야 돌! 아이고, 아파!"

"그러게 이 녀석들아 왜 까불어, 까불길!"

환자를 치료하고 돌아오던 해미가 이 광경을 보고 남편인 주나에게 무슨 일이냐고 물었다.

"에고, 이게 무슨 난리야? 다들 밥 먹다 말고 뭐하는 거야? 어머나!"

"당신이 말 좀 해 줘, 흑흑! 엄마가 휴가 가자고 말했다가 숟가락 공격을 당했어."

"이머나, 정말?"

"이런 쯧쯧쯧, 네가 사내대장부냐? 조그만 애가 엄마한테 고자질하는 것처럼 일러바치고 있어. 숟가락으로 좀 더 맞아 볼래?"

"에이, 아버님, 그러지 마시고 휴가 한번 가는 것도 괜찮을 것 같은데요. 어머님도 고생하셨고, 이이도 고생 많이 했는데."

순채는 의사인 며느리 말은 잘 들었다.

"그래? 환자는 많이 없어? 그러면 가까운 데로 네가 한번 찾아 봐라."

"오예! 애들아, 이번에 우리 피서 어디로 갈래? 아빠는 고등 잡아서 고등탕 끓여 먹고 싶어!"

"으이그, 저놈은 그저 먹는 생각밖에 안 해. 해미야, 고등 없는 바다로 가자!"

"호호호, 아버님 왜 그러세요. 저는 보기 좋은데요. 호호!"

그렇게 해서 순채네 가족은 바닷가로 여행을 떠나게 되었다.

"와~ 여기 너무 좋아! 아빠, 아빠는 수영할 줄 아세요?"

"당연하지. 수영을 왜 못해. 가르쳐 줄 테니 따라와 봐!"

"에이, 그냥 됐어요. 저는 독학 체질이라 저 혼자 할 수 있어요!"

"이 녀석, 완전 어이없는 녀석이네. 너 알아서 해라. 난 회나 먹어야겠다."

먹어야 안심이 되는 주나는 자식들을 내팽개치고 혼자 회를 먹으러 갔다.

"안녕하세요. 저 서울에서 왔습니다. 맛있는 먹을거리 좀 없을까요?"

"아, 그려? 맛있는 것 엄청 많지. 명태탕도 있고 명태회도 있고. 이곳 유명 음식이지."

"와, 그거 맛 좀 보여 주세요. 뿡~! 아이고 죄송합니다. 제가 좀 전에 뭘 좀 먹었는데 이제 소화가 되나 봐요."

"아이고, 냄새야! 혼자 오셨수?"

"아뇨, 가족들도 같이 왔어요. 저 먼저 먹어 보고 맛있으면 데려올게요."

얼마 후 식당 주인이 명태 특선탕을 가져왔다. 푸짐해 보이는 음식이 맛도 기가 막힐 것 같았다.

"와우! 진짜 맛있네요. 입에서 살살 녹아요! 와~ 혼자 먹기 아까운데요? 가족들 데리고 와야겠네."

한편 순채네 가족은 한참 동안 보이지 않는 주나를 찾고 있었다.

"이 자식은 또 어디 간 거야? 또 뭐 먹으러 간 거 아냐? 야, 너희 아빠 못 봤냐? 어디 간 거야, 대체!"

"아빠 회 먹으러 간다고 하시던데요?"

"뭐? 자기 혼자 회를 먹어? 이 자식이 좀 더 혼이 나야 정신을 차리려나. 아이고, 속 터져, 정말! 빨리 가서 데려와!"

"아~ 형은 왜 만날 먹으러만 다녀!"

그때 마침 주나가 돌아왔다. 맛있는 음식을 찾았다며 가족들에게 음식점으로 가자고 했다. 하지만 순채가 가만히 있을 리 없었다. 숟가락이 어디서 났는지 주나의 머리를 향해 돌진했다.

'따다딱!'

연속 세 번의 굉음과 함께 주나는 머리를 움켜쥐고 나가떨어졌고, 순채는 더 심한 응징을 위해 주나를 향해 달려갔다.

"아버지, 그만 좀 하세요! 맛있는 곳을 알아 왔단 말이에요!"

"너, 가서 맛없으면 정말 가만 안 둘 줄 알아! 어디서 개인행동이야, 개인행동이."

주나는 간신히 아버지를 설득하여 온 가족을 데리고 음식점으로 향했다.

"뭐야? 벌써 상이 놓여 있네? 이야, 빠르긴 빠르네."

"아니에요, 제가 맛보려고 먼저 차려 놓은 거예요. 드시기만 하면 됩니다."

"음, 맛있긴 맛있군. 너 음식 덕분에 산 줄 알아! 여기 주인이 누군지 정말 요리 한번 끝내주게 하는구먼."

마침 옆을 지나가던 주인이 그 말을 듣고 다가왔다. 주인은 순채네 가족 한 사람 한 사람에게 인사를 한 뒤 순채에게 말을 건넸다.

"안녕하세요, 한의사님이신가 봐요. 저희에게 지금 고민이 하나 있는데, 들어주실 수 있으세요?"

"아이고! 네, 말씀하세요. 제가 할 수 있는 일이면 다 해드리죠."

"다름이 아니라, 혹시 정부에 아시는 분 있으세요? 아니면 한약으로 우리 바다 좀 살릴 수 없을까요? 지금 바다 생선들이 다 죽어 가고 있어요."

"네? 그게 무슨 말씀이세요? 제가 정부에 아는 사람이 있긴 하지만, 바다 생선들이 죽어 가다니요?"

"지금 바다가 따뜻해져서 저희 특산물인 명태의 양이 줄어들고 있습니다. 정말 큰일이죠. 선생님께서 정부에 대책 좀 세워 달라고 건의해 주세요."

그리하여 순채는 지구법정에 명태가 줄어드는 원인을 찾아 달라고 의뢰하게 되었다.

바다는 대륙에 비해 기후의 변화가 적어 안정된 환경입니다.
따라서 플랑크톤부터 커다란 물고기까지 환경 변화에 매우 민감하게
영향을 받습니다. 북태평양의 경우 지구온난화로 인해 바닷물의 온도가
올라가면서 아열대권 어종은 많아지고 아한대권 어종은 줄어듭니다.

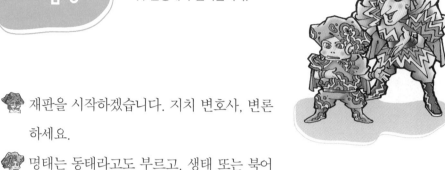

여기는 지구법정

명태가 줄어드는 이유는 무엇일까요?
지구법정에서 알아봅시다.

재판을 시작하겠습니다. 지치 변호사, 변론
하세요.

명태는 동태라고도 부르고, 생태 또는 북어
라고도 부릅니다.

그게 지금 이 재판과 무슨 상관이 있죠?

그냥 제가 아는 명태에 관한 모든 것을 얘기해 본 것뿐입니다.

허걱! 계속하세요.

그런데 바다가 따뜻해지면 명태가 줄어드나요?

그걸 나한테 물으면 어떡해요? 어쓰 변호사, 의견을 말해 보
세요.

수산 연구소의 김수산 소장을 증인으로 요청합니다.


얼굴에 유난히 땀이 많이 흐르는 40대 남자가 증인석에 앉
았다.


증인이 하는 일은 뭐죠?

수산자원에 대해 연구하고 있습니다.

바다가 따뜻해지면 명태가 줄어든다는 게 사실입니까?

그렇습니다. 지구온난화로 바다의 온도가 올라가면 해류의 흐름이 변하면서 해양 생물도 영향을 받습니다.

왜 영향을 받죠?

바다는 대륙에 비해 기후의 변화가 적은 안정된 환경이지요. 그래서 바다 생물들은 갑자기 변한 환경에 쉽게 적응하기 어렵습니다. 플랑크톤부터 커다란 물고기까지 환경 변화에 매우 민감하게 영향을 받는 것이죠. 북태평양의 경우 지구온난화로 인해 아열대권 어종은 많아지고 아한대권 어종은 줄어들고 있는데, 특히 차가운 베링해에 살고 있는 대구, 명태 등은 바닷물 온도의 상승으로 서식지와 알 낳을 장소를 찾지 못해 그 양이 크게 줄어들고 있습니다.

그렇군요. 그 외에 또 줄어드는 해양 생물이 있나요?

네, 차가운 물에서 사는 가자미, 알라스카 새우 등이 줄어들고 있지요.

대신 어종이 더 많아지는 것도 있겠군요.

그렇습니다. 더운 물에서 사는 다랑어가 많아지지요. 그래서 중위도 지방에는 더운 물에서 주로 사는 멸치가 많아지고, 심지어 열대 바다에서 사는 식인상어들도 나타나게 됩니다. 또한 바닷물이 따뜻해지면서 더운 바다에만 있던 독성이 강한 해파리들이 중위도의 바다로 올라와 양식장을 망쳐 놓기도 하지요.

알겠습니다. 지구온난화 때문에 변하는 것이 너무 많군요. 정말 지구온난화를 빨리 막아야 할 텐데 걱정입니다. 아무튼 명태의 감소는 지구온난화로 인해 바닷물의 온도가 올라갔기 때문이라고 판결을 내리겠습니다. 이상으로 재판을 마치도록 하겠습니다.

재판이 끝난 후, 동태의 가격이 급상승했다. 결국 동태 마니아들은 동태 값의 안정을 위해 환경단체가 나서서 온난화를 막아야 한다는 의견을 내놓았다.

 플랑크톤

플랑크톤은 수중 생물에 속하며 부유 생물이라고도 부른다. 플랑크톤은 스스로 운동할 수 없고, 물의 흐름에 의해 이동한다. 스스로 영양분을 만들어 내면 식물성 플랑크톤이고, 그렇지 않으면 동물성 플랑크톤이라 부른다.

# 기후 변화와 전염병

지구온난화로 인한 기후 변화가
콜레라, 황열병, 뎅기열 같은 전염병을 일으킬 수 있을까요?

"강유미 기자, 이번에는 해외에 좀 다녀와야겠는데."

"네? 선배님, 전 저번에도, 저저번에도, 저저저번
에도 해외 취재를 다녀왔단 말입니다. 이번에는
다른 사람 알아보세요."

"그래? 이번에는 보수가 꽤 짭짤한 걸로 알고 있는데, 어쩔 수
없군."

"선배님, 절 돈으로 유혹하시다니! 정말, 잘하신 겁니다. 히히,
이번에는 어디로 출장 가나요?"

"그게……."

강유미는 선배의 해외 취재 권유로 서울에서 열두 시간이나 떨어진 적도 부근의 어느 마을로 취재를 가게 되었다. 우선 숙소를 잡기 위해 공항에서 빠져나와 지나가는 사람에게 길을 물었다.

"안녕하세요, 저는 코리콩에서 온 강유미라고 합니다. 이 근처에 있는 땡땡 호텔로 가려고 하는데, 어떻게 가면 되죠?"

"네, 콜록, 저쪽 모퉁이를 돌아서, 콜록, 쭉 가신 다음, 콜록, 오른쪽 모퉁이를 도시면 콜록콜록, 세 번째 건물이 땡땡 콜록, 호텔입니다. 콜록"

심하게 기침을 하는 사람이었다. 강유미는 행여 감기가 옮을까 봐 입을 막고 얘기해야 했다. 그 사람 말대로 길을 따라가니 과연 땡땡 호텔이 나왔다.

"오, 아이 러브 유 마이 호텔! 땡땡 호텔!"

강유미는 땡땡 호텔이 눈앞에 보이자 너무나도 기쁘고 안도감이 밀려왔다. 이 견디기 힘든 적도 기후에서 호텔은 정말 사막의 오아시스였다. 강유미는 호텔에서 짐을 푼 후, 선배에게 전화를 걸었다.

"선배, 선배 말대로 적도까지 취재하러 왔는데, 이제 뭘 취재해야 되는지 말해 주세요."

"음, 그게 말이다, 유미야,"

평소와는 다르게 뜸을 들이는 선배 때문인지 강유미는 순간 섬뜩한 기분이 들었다.

"실은, 그 마을에 전염병이 돌고 있어. 그 원인에 대해서 조사해

오는 게 네 이번 해외 취재의 목표야."

"뭐라고요? 선배, 그런 말은 없었잖아요! 저한테 이런 위험한 걸 시키다니!"

"미안 유미야, 대신 위험 수당이……."

"넵! 알겠습니다, 선배님! 위험하지만 제가 기자 정신을 발휘해서 열심히 취재할게요!"

강유미는 그렇게 또 돈에 넘어가 버렸다. 하지만 강유미의 이러한 단순한 사고방식이 어쩔 수 없는 상황에서는 도움이 되기도 했다.

다음 날 강유미는 취재를 하기 위해 호텔을 나섰다. 어제보다 더 많은 사람들이 콜록거리는 것 같았다. 강유미는 주위를 둘러본 뒤, 기침을 하는 사람들 중 가장 잘생긴 사람에게 다가가 인터뷰를 요청했다.

"안녕하세요, 저는 코리콩에서 온 강유미 기자라고 합니다. 지금 기침을 많이 하시는 것 같은데 무슨 감기에라도 걸렸나요?"

"네, 콜록! 안녕하세요. 병원에 가 봐도 콜록! 원인을 알 수 없고, 콜록! 감기약 좀 먹으면 증상이 완화되긴 하는데, 콜록!"

그의 기침 소리 때문에 인터뷰를 하는 데 무리가 있었지만, 그래도 물을 것은 물어 봐야 한다는 생각의 강유미 기자는 또 질문했다.

"언제부터 이랬나요?"

"한 열흘 정도 된 것 같아요."

"혹시 이 병에 걸린 원인으로 짐작되는 거라도 있으세요?"

"글쎄, 콜록! 뭐 손이나 발, 이빨 같은 거는 평소에, 콜록! 위생 상태를 철저히, 콜록! 하니깐, 그건 콜록! 아니겠고, 콜록! 우리 마을이 적도 부근이라, 콜록! 매년 날씨가 더워져, 콜록! 올해는 정말 더욱 덥네, 그려. 콜록!"

"네, 알겠습니다. 인터뷰에 응해 주셔서 감사하고요, 집에 가서 몸조리 잘하세요."

강유미는 건강의 당부를 잊지 않고 인터뷰를 끝냈다. 그 외에도 여러 명의 잘생긴 사람과 예쁜 사람 등을 인터뷰했지만, 모두들 원인을 정확하게 모르고, 그저 예년에 비해 더욱 더워진 날씨에 대해서만 얘기했다. 급기야 이 병으로 인해 죽은 사람이 나오자 사태는 심각해졌다.

"선배, 이 병의 원인을 알 수가 없어요. 모두들 그냥 날씨가 더욱 더워졌다는 얘기만 하는걸요? 어떻게 해야 할까요? 그건 그렇고, 여기 정말 더워 죽겠어요. 그리고 사람들이 종일토록 기침만 해대는 통에 이제 기침 소리는 듣기도 싫단 말이에요."

"강유미, 그러지 말고 조금만 더 힘내! 내 위험 수당 따따블로 줄……"

"넵! 알겠습니다. 더욱더 열심히 조사해서 전염병의 원인을 반드시 알아 가겠습니다. 충성!"

강유미는 그렇게 전염병에 걸린 사람들 사이를 비집고 다니며 원인을 찾기 위해 애썼다. 하지만 여전히 뚜렷한 원인을 알 수가 없었다.

다음 날 밤, 강유미는 자신의 기침 때문에 쉽게 잠이 들 수 없었다. 강유미는 자신도 전염병에 걸렸다는 생각에 슬슬 겁이 나기 시작했다. 한밤중이었지만 당장 선배한테 전화를 걸었다.

"선배, 어떡하면 좋아요? 콜록! 저도 전염병에 걸린 것 같아요. 콜록콜록, 그 사람들이랑 저랑 증상이 똑같다고요!"

"뭐야? 강유미, 취재하러 가서 전염병에 걸리면 어쩌자는 거야? 조심성이 그렇게 없어? 이거 혹시 전화로도 옮는 거 아냐? 안 되겠다. 우리 내일 통화하자."

선배는 전화를 바로 끊어 버렸다.

"어쩜, 저럴 수가 있지?"

강유미는 자신의 몸이 너무나 걱정되고, 속이 너무 상했다.

다음 날 아침, 해가 뜨자 마자 강유미는 지구법정으로 쫓아가 이 전염병의 원인을 조사해 달라고 의뢰했다.

지구온난화로 인한 지구의 기후 변화는
강한 바람, 홍수, 가뭄뿐만 아니라
인간에게 심각한 질병을 일으킬 수도 있습니다.

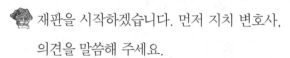

**기후 변화와 전염병은 어떤 관계가 있을까요?**
지구법정에서 알아봅시다.

재판을 시작하겠습니다. 먼저 지치 변호사,
의견을 말씀해 주세요.

전염병이 퍼지는 건 곤충이나 바이러스와
관계있지 기후와는 아무 관계가 없을 것입니다.

그렇게 말하는 근거가 있습니까?

제가 언제 근거를 두고 얘기한 적 있나요?

하긴…… 계속하세요.

그러므로 이번 의뢰는 지구법정이 아니라 생물법정 곤충 분과
또는 미생물 분과로 넘겨야 한다고 생각합니다.

한심해…… 어쓰 변호사, 좋은 의견 있으면 말씀하세요.

지구온난 의학 연구소의 지온의 박사를 증인으로 요청합니다.

　지적인 마스크에 깔끔한 정장을 차려 입은 30대 남자가 증
인석에 앉았다.

증인이 하는 일은 뭐죠?

지금 세계 곳곳에서는 지구온난화로 인한 이상 기후가 속출하

고 있습니다. 이것 때문에 나타나는 여러 가지 새로운 질병에
대해 연구하고 있습니다.

그럼 전염병이 생긴 게 지구온난화 때문이라는 얘기군요.

그렇게 볼 수 있습니다. 지구온난화로 인한 지구의 기후 변화
는 강한 바람, 홍수, 가뭄뿐만 아니라, 인간에게 심각한 질병
을 일으킬 수도 있습니다.

구체적으로 어떤 질병이죠?

지구가 지금보다 더 덥고 습해지면 콜레라, 학질, 황열병, 뎅
기열 등이 많이 발생합니다. 뿐만 아니라 에이즈와 SARS, 조
류독감과 같은 전염병들이 전보다 더 먼 곳까지 확산될 수 있
기 때문에 전염병이 없던 마을에도 전염병 환자들이 많이 생
길 수 있습니다.

심각한 일이군요. 지구온난화가 인간에게 주는 유익한 점은
하나도 없군요. 그렇죠, 판사님?

그렇습니다. 최근 지구온난화에 관한 재판을 많이 하고 있는
데, 정말 지구온난화가 너무도 심각한 재앙을 몰고 온다는 데

---

 뎅기열

뎅기열은 브레이크 본열(breakbone fever)이라고도 부른다. 뎅기열이 생기면 머리와 눈 그리고 근육
등이 심하게 아프고 인후염이나 피부 발진을 일으킨다.

---

동의합니다. 아무튼 이번 전염병은 지구온난화로 인한 기후
변화가 가장 중요한 원인이라고 생각합니다. 이상으로 재판을
마치도록 하겠습니다.

재판이 끝난 후, 세계 지구온난화 방지협의회에서는 지구온난화
가 오면 전염병이 퍼져 한 마을 사람들이 모두 죽을 수도 있다는 내
용의 홍보물을 인터넷 홈페이지에 띄웠다.

# 과학성적 끌어올리기

## 대기와 해양

대기는 지구의 주위를 감싸고 있으며 복잡한 운동을 합니다. 대기를 가열하는 부분은 태양으로부터 받은 총 에너지의 양을 100으로 하였을 때 100분의 19 정도이지만, 지표로부터 대기를 가열하는 능력은 100분의 45입니다. 따라서 대기에 대해서는 지표면의 영향이 태양보다 2배 이상 큽니다.

에너지를 받아들이는 데 대해 대기와 해양은 거의 차이가 없습니다. 다만, 대기가 태양 복사를 흡수하는 등 예외적인 경로를 가지고 있으나 대부분 지표로부터 에너지를 공급받고 있고, 해양의 경우에는 모든 에너지 공급이 해면을 통해 일어납니다. 태양의 가열, 냉각, 강우, 증발, 바람 작용 등은 모두 해면을 통해 바다 내부에 에너지를 공급해 줍니다.

그러므로 해양과 대기는 해면을 경계로 서로 대칭되는 구조를 가지게 됩니다. 즉, 대기는 해양으로부터 에너지를 공급 받고, 해양도 대기로부터 에너지를 공급 받습니다.

해양의 온도가 지역마다 다르므로 이것은 각 지역의 대기를 다른 온도로 가열시켜 이로 인해 대기가 순환하게 됩니다. 이와 같이 대기와 해양은 서로 영향을 끼침으로써 끊임없이 변하는데 이 관계를 대기와 해양의 상호작용이라 합니다.

### 엘니뇨

봄에서 가을 사이에 남아메리카의 페루 및 에콰도르 서쪽 태평양 연안 해역에서는 적도에서 약간 북반구 쪽으로 치우쳐 있는 열대 수렴대를 향해 해안과 평행하게 남동 무역풍이 붑니다. 이 남동 무역풍은 중위도의 찬 해수를 페루 해류로 운반할 뿐만 아니라 표층의 해수를 멀리 이동시킵니다. 따라서 표층수가 이동한 자리를 메우기 위해 바다 깊은 곳의 심층으로부터 찬 해수가 올라와 이 지역의 수온은 낮아집니다. 심층으로부터 상승한 해수는 영양 염류를 많이 포함하고 있어 플랑크톤이 풍부해 좋은 어장이 됩니다.

남반구는 크리스마스 때부터 이듬해 3월경까지 열대 수렴대가 적도 부근으로 남하합니다. 따라서 페루와 에콰도르 부근의 남동 무역풍이 약해지기 때문에 적도 부근의 따뜻한 해수가 밀려와 해수면의 수온이 높아집니다. 한편, 북쪽으로부터 난류가 내려올 때

난류계의 어류가 풍부하므로 어민들은 많은 수입을 올릴 수 있습니다. 주민들은 이것을 크리스마스 선물로 생각하여 하늘의 은혜에 감사하는 뜻으로 엘니뇨 해류라고 부르게 되었습니다. 엘니뇨란 스페인어로 '신의 아들 또는 어린 예수 그리스도'라는 의미인데, 따뜻한 해류가 크리스마스 직후에 나타나는 경우가 많았기 때문에 그렇게 불렀습니다.

그런데 수년에 한 번 정도 이 엘니뇨 해류가 비정상적으로 강해져, 높은 수온이 1년 중 계속되는 때가 있습니다. 이런 경우에는 해양 생태계가 파괴되어 페루 부근의 정어리 어장은 치명적인 타격을 입습니다. 더욱이 높은 수온은 페루 북부에 많은 비를 내리게 하여 홍수 등의 재해를 초래하기도 합니다.

이러한 이례적인 해양 현상은 페루 연안에 한정되지 않고 태평양의 넓은 해역에서도 나타납니다. 더구나 그 영향은 해안뿐만 아니라 기상학적, 생태학적, 경제학적으로 전 지구적인 폭을 가집니다. 따라서 초기에는 페루 연안에서 크리스마스 때부터 이듬해 3월경까지 나타나는 계절적인 현상을 가리키던 '엘니뇨'라는 말이, 최근에는 수년에 한 번씩 동부 태평양 적도 해역에서 대규모로 나타나는 이상 고온현상을 나타내는데 이것을 엘니뇨 현상이라고 부릅니다.

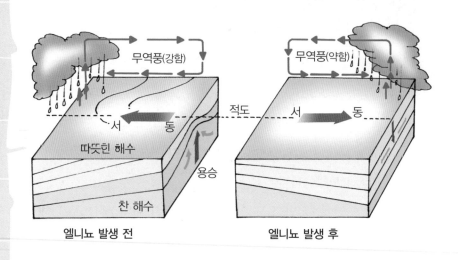

무역풍(강함)

무역풍(약함)

적도

서    동

서    동

따뜻한 해수

용승

찬 해수

엘니뇨 발생 전          엘니뇨 발생 후

## 라니냐 현상

라니냐는 스페인어로 '여자아이'라는 의미를 갖고 있는데, 1985년 미국의 해양학자 필란다 박사가 최초로 사용하였으며 엘니뇨의 반대 의미를 가지고 있습니다.

라니냐 현상이란 적도 무역풍이 더욱 강해져 서태평양의 해수면과 수온이 높아지면서 동태평양의 수온이 낮아지는 현상입니다. 대체로 동태평양의 적도 부근 해역의 해수면 온도가 평년보다 0.5°C 이상 낮은 상태로 6개월 이상 지속될 때 라니냐 현상이라고 부릅니다.

## 엘니뇨 현상의 영향

엘니뇨 현상의 영향은 기상(날씨), 기후, 어업, 경제 등의 여러 면에서 나타나고 있습니다. 먼저 기상에 끼치는 영향을 알아보면, 엘니뇨 현상이 발생하면 홍수, 한발 등의 재해를 동반한 이상 기후의 발생 건수가 세계적으로 증가하는 경향이 있습니다. 엘니뇨 현상의 발생에 의해 적도 해역의 해수면 수온 분포가 변하면 대류 활동의 강도 및 중심이 변합니다. 이것은 대기에 에너지를 공급하는 열원의 이동 및 공급 에너지의 증감을 의미하고, 이것에 의해 지구 전체의 대기 흐름도 변하며 세계의 기상이 영향을 받는 것입니다.

# 제3장

# 지구온난화를 막기 위한 대책에 관한 사건

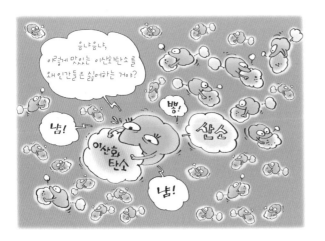

# 화산을 없애야 지구가 산다

화산 폭발 때문에 지구의 기후가 변했다고 말할 수 있을까요?

사건속으로

내일의 날씨 소식입니다. 아직 5월초밖에 되지 않았지만 내일 기온은 한여름 같겠습니다. 30℃를 웃도는 더운 날씨에 건강 조심하시길 바랍니다. 이상 날씨였습니다.

일기예보를 지켜보던 명해와 가족들은 벌써부터 더워진 날씨 때문에 창고에서 선풍기를 찾아 거실로 가져왔다.

꽃샘추위가 가고 이제 봄이 왔나 싶었는데 벌써 여름이 시작된 것이다.

맴맴맴매-

"아, 정말 덥다. 아직 5월초밖에 되지 않았는데 한여름 같아. 그렇지 않니, 명해야?"

"그러게. 숨이 탁탁 막힐 정도로 더워."

학교에 가는 길인 명해와 주리는 더욱 더워진 날씨에 땀을 비 오듯 흘리고 있었다.

"지현 언니, 안녕하세요."

"아, 주리와 명해구나. 오늘 날씨 정말 덥지 않니? 잘 만났다. 우리 시원한 아이스크림 먹으러 가지 않을래?"

"와, 안 그래도 너무 먹고 싶었어요. 빨리 가요, 언니~."

명해와 주리, 그리고 지현이는 내리쬐는 햇볕을 피해 시원한 아이스크림 가게로 들어갔다.

"지구가 더워지고 있다더니, 정말 실감이 난다."

"그러게요, 언니. 벌써부터 이렇게 더운데, 8월쯤 되면 얼마나 더울지…… 끔찍해요."

"그나저나 시험 준비는 잘돼 가고 있니? 얼마 안 있으면 중간고사잖아."

"아, 시험! 잊고 있었어요. 으앙!"

세 명의 여학생들은 시원한 아이스크림을 맛있게 먹고 나서 도서관으로 향했다.

"지구가 더워지고 있습니다. 이 모든 게 화산에서 나오는 가스 때문입니다. 하루 빨리 화산을 모두 없애야 합니다. 여러분의 서명이 필요합니다."

"저기 무슨 일이 있나 봐요."

"저 사람들, 뭐라고 하는 거야? 한 번 가 보자!"

'지구 살리기'라는 피켓을 든 사람들이 시민들을 상대로 서명운동을 하고 있었다. 내용은 지구가 화산에서 나오는 가스 때문에 더워지고 있다며 화산을 모두 없애야 한다는 것이었다.

"이렇게 더운 날씨가 지속된다면 남극과 북극의 빙하도 곧 녹고 말 것입니다. 얼른 화산을 없애야 합니다. 그것이 지구를 살리는 길입니다!"

"화산을 없애야 한다고? 주리야, 저게 말이 된다고 생각하니?"

"나름 이유가 있는 주장인 것 같은데, 잘 모르겠어. 언니는 어떻게 생각하세요?"

"글쎄, 일단 교수님께 말씀드려 보자."

명해와 주리, 지현이는 서둘러 자신들의 담당 교수인 유명한 교수를 찾아갔다. 교수는 환한 웃음으로 학생들을 맞아 주었다.

"교수님, 안녕하세요?"

"아니, 이 어여쁜 아가씨들이 무슨 일로? 시험 문제는 절대 가르쳐 드릴 수 없습니다~."

"시험 때문에 온 게 아니에요, 교수님."

명해가 교수님께 웃으며 답했다.

"지금 학교 앞에서 어느 단체에서 나와 서명운동을 하고 있는데요."

"서명운동? 무슨 일로? 어느 단체가?"

"화산에서 나오는 가스 때문에 지구가 더워지고 있대요."

"엥? 뭐라고?"

"그래서 하루 빨리 화산을 없애는 게 지구를 살리는 길이래요."

"화산에서 나오는 가스 때문에 지구가 온난화되고 있다고? 허참, 말도 안 되는 주장이구먼."

유명한 교수는 어이가 없었다.

지구과학을 전공하는 유명한 교수는 학교 앞으로 직접 찾아갔다.

"안녕하십니까. 저는 한국대학교 지구과학과 교수 유명한입니다."

"아, 아, 아니, 교수님이 여기까지 무슨 일로?"

"다름이 아니라, 지금 이 단체에서 하는 말은 전혀 과학적인 근거가 없다는 말씀을 드리려고 이렇게 찾아왔습니다. 증거도 없고 구체적인 논문도 없지 않습니까? 그런데 이렇게 시민들에게 서명운동을 하는 것은 무슨 배짱입니까? 지금 이 행동은 마치 사이비 종교의 운동 같군요. 당장 철수하십시오."

"이 사람이 교수면 다야? 우리는 절대 이 운동을 포기할 수 없소. 지금 이렇게 날씨가 더운 것도 다 전 세계에 있는 화산 때문이라고!"

몇 십 분 동안 얘기를 했지만, 환경 단체는 유교수의 말을 들으려고 하지 않았다.

유명한 교수는 다시 학교로 돌아와 학계에 이 일을 전했다. 그러자 학계에서는 난리가 났다.

"뭐라고요? 세상에. 그 사람들이 더위를 먹었나? 무슨 그런 터무니없는 주장을 한대요?"

여기저기서 비난의 목소리가 들려 왔다.

"가만히 듣고만 있을 수 없네요. 사람들이 그들의 말을 믿기 전에어서 단체를 없애 버립시다."

"그럽시다. 내일 당장 찾아갑시다."

학계에서는 내일이라도 당장 서명운동을 하고 있는 '지구 살리기' 라는 단체를 찾아가 철수해 줄 것을 요청하기로 했다. 그리고 다음 날 학계를 대표하는 이 박사, 김 박사, 허 박사와 유명한 교수까지 집회 현장으로 갔다.

김 박사가 정중하게 단체장에게 인사를 했다.

"안녕하십니까. 선생께서 무슨 근거로 이런 운동을 하시는지는 모르겠지만, 지금 이 단체에서 주장하는 것은 과학적으로 전혀 증명이 되지 않은 것입니다. 시민들에게, 그리고 학생들에게 잘못된 정보를 퍼뜨리는 것은 용납할 수 없습니다. 당장 이 운동을 철수해 주시길 부탁드리려고 왔습니다."

"뭐라고요? 저희가 비과학적인 내용의 운동을 하고 있다고요?

이 사람들이! 우리들 말도 들어 봐야 할 것 아니오! 무턱대고 비과학적이라니!"

"들어 볼 것도 없습니다. 저희는 이미 다 알고 왔습니다. 화산에서 나오는 가스가 지구온난화에 한몫 하고 있다니…… 어처구니가 없습니다. 당장 철수하시죠!"

"싫소! 철수 못 하겠다면 어쩔 거요? 우리는 지구의 화산을 폐쇄할 때까지 서명운동을 철수하지 않을 거요!"

"이 사람들이 말로 해선 안 되겠구먼? 화산이 당신네들 물건이야? 폐쇄하다니! 말이 되는 소리를 하라고! 그리고 거기서 나오는 가스가 지구온난화의 원인이라고? 계속 이렇게 비과학적인 주장을 한다면 우리도 가만히 있을 수 없소! 당장 고소하겠소!"

그리하여 학계 교수들은 비과학적인 내용을 가지고 서명운동을 벌이고 있는 환경 단체를 지구법정에 고소하였다.

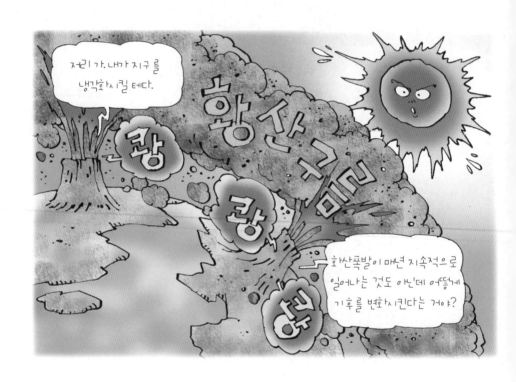

화산은 지구의 온난화가 아니라 냉각화에 영향을 주지만,
화산 폭발이 매년 지속적으로 벌어지는 사건이 아니므로
화산 폭발 때문에 기후가 변했다고 말하기는 힘듭니다.

여기는 지구법정

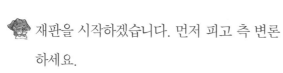

화산과 지구온난화는 어떤 관계가 있을까요?
지구법정에서 알아봅시다.

재판을 시작하겠습니다. 먼저 피고 측 변론
하세요.

화산이 폭발하면 수증기, 메탄가스, 이산화
탄소와 같은 많은 온실가스들이 배출됩니다. 그러므로 화산의
폭발은 지구의 온난화를 부채질한다는 것이 본 변호사의 주장
입니다.

그럼 이번엔 원고 측 변론하세요.

화산 연구소의 나불꽃 연구소장을 증인으로 요청합니다.

붉게 염색된 머리 때문에 마치 횃불처럼 보이는 사내가 증
인석에 앉았다.

증인이 하는 일은 뭐죠?

화산과 지구 환경에 관한 연구를 하고 있습니다.

환경 단체의 주장대로 화산이 지구온난화의 주범인가요?

일부에서는 화산이 온난화의 주범이라며 모든 화산을 없애
자는 의견을 내놓고 있습니다. 하지만 화산 폭발은 지구를

온난화시킨다기보다는 더 냉각시켜 지구의 기후 체계를 흔들어 놓지요.

그 이유가 뭐죠?

화산이 폭발하면 낮은 대기 속으로 먼지와 황산의 거대한 구름이 생깁니다.

그렇다면 먼지구름 때문인가요?

먼지구름은 비로 씻겨 나갑니다. 심각한 문제는 황산구름입니다. 황산은 오염의 덮개를 넓게 퍼지게 하여 지구에 오는 태양 에너지의 양을 줄이지요. 그래서 화산 활동이 일어나면 지구의 온도는 조금 내려가게 됩니다. 하지만 이런 효과가 해마다 지속되는 게 아니기 때문에 화산 폭발 때문에 기후가 변했다고 말하기는 힘듭니다.

그렇군요. 판사님, 판결 부탁드립니다.

원고 측 증인의 말처럼 화산은 지구의 온난화가 아니라 냉각화에 영향을 주지만, 화산 폭발이 매년 지속적으로 벌어지는 사건이 아니므로 화산 폭발이 지구온난화의 주범이라고 보기는 어렵다는 것이 재판부의 의견입니다. 이상으로 재판을 마

화산

화산은 지하 깊은 곳에서 생성된 마그마가 지각의 벌어진 틈을 통하여 지표 밖으로 나오는 것을 말하는데, 이때 휘발성이 있는 성분은 화산가스가 되고 나머지는 용암이나 화산 쇄설물로 분출된다.

치도록 하겠습니다.

재판이 끝난 후, 서명운동을 벌이던 환경 단체는 화산이 지구온
난화에 영향을 주지 않는다는 내용이 담긴 사과성명을 전국 신문에
게재했다.

# 지구온난화와 알레르기

열대야 현상이 피부에 알레르기를 일으키거나
호흡기에 병을 생기게 한다는 게 사실일까요?

"엄마, 가려워."

보람이는 엄마를 부르며 팔을 긁고 있었다. 얼마나
긁었는지 벌써 팔이 벌겋게 부어올랐다.

"보람아, 팔 긁지 마! 너, 그러다가 흉터 생겨. 도대체 왜 가려운
거지? 어휴, 속상해."

보람 엄마는 보람이를 데리고 병원으로 갔다.

"선생님, 애가 계속 몸이 가렵다고 하네요. 이를 어쩌면 좋죠?"

"참, 이상하네요. 혹시 아이가 잘 안 씻어서 그런 건 아닙니까?"

"뭐라고요? 우리 애는 하루에 두 번씩 샤워하는 애라고요. 이거

순 돌팔이 의사 아냐?"

"뭐요? 돌팔이? 이 사람이 말이면 단 줄 알아? 흥, 우선 연고 챙겨 줄 테니 가서 발라 보세요."

보람 엄마는 보람이를 안고 집으로 돌아왔다. 병원에 다녀와서도 보람이는 몸이 가렵다며 연신 이리저리 몸을 긁었다.

다음 날 아침 보람이가 학교 갈 준비를 하고 있었다.

"보람아, 너 몸이 그렇게 가려워서 학교 갈 수 있겠어?"

"엄마, 나 학교 결석하면 안 돼요. 하루라도 결석하면 졸업할 때 상 못 탄다고 했단 말이에요. 난 우등상은 이미 물 건너갔으니 개근상이라도 받아야 해요."

"휴, 그럼 연고라도 듬뿍 바르고 가. 얼른."

보람이는 온몸에 연고를 발라 마치 밀가루 바른 인형처럼 해 가지고 학교에 갔다.

"으아, 미라다! 김보람이 미라가 되어 학교에 나타났다!"

아이들은 보람이를 놀려 대기 시작했다.

"그런 거 아냐. 몸이 가려워서 연고 바른 거란 말이야! 다들 왜 그래?"

반 아이들은 보람이의 말을 듣고는 안타까운 눈으로 보람이를 쳐다보며 제 자리에 앉았다. 하지만 심술이는 끝까지 보람이를 놀려 댔다.

"야, 미라가 살아서 움직이는 거 나 처음 본다? 히히, 보람이 넌 왜 무덤에 안 있고 걸어 다니냐?"

"그만하라니까!"

4교시가 끝나기 무섭게 갑자기 심술이가 보람이 앞으로 왔다.

"보람아, 너 혹시 그 연고 가지고 왔어?"

"응, 그런데 또 무슨 장난을 치려고?"

"나 좀 빌려 줘. 나도 조금 전부터 몸이 가려워서 도저히 못 참겠어."

보람이는 그 밀에 빙그레 웃으며 말했다.

"호호, 그래? 그럼 내가 발라 줄게."

보람이는 최대한 연고를 꽉꽉 짜서 심술이의 몸에 떡칠을 했다. 심술이는 미라 2가 되어 교실을 돌아다녔고, 아이들은 그 모습을 보며 배꼽을 잡고 웃어 댔다.

그날 저녁에도 보람이는 여전히 연고를 온몸에 바른 상태였다. 그런데 이젠 보람이뿐만 아니라, 엄마, 동생까지 모두 몸을 긁기 시작했다.

"아니, 왜 이렇게 몸에 오돌토돌 뭐가 나지?"

"엄마, 다리 좀 그만 긁어요. 나보고는 긁지 말라더니 엄마가 계속 긁고 있네."

"어휴, 보람아, 이렇게 가려운 걸 어떻게 참았니? 연고 어디 있어? 연고 좀 줘, 엄마도 좀 바르게."

그렇게 세 모녀는 연고를 잔뜩 바른 채 거실에 나란히 앉아 있었다. 마침 일을 마치고 집에 돌아온 보람이 아빠는 그 모습을 보고 크게 웃었다.

"뭐야, 우리 집이 어느새 이집트 무덤이 된 거야? 하하하, 밀가루 귀신 같네. 얼른 뉴스나 보자."

뉴스를 켠 순간, 보람네 가족은 아나운서의 말에 모두 놀라고 말았다.

세계 뉴스 속보입니다.

적도 지방의 주민들이 피부 알레르기로 고생을 하고 있다고 합니다. 증상은 몸에 오돌토돌하게 빨간 것이 조금씩 나며 매우 가렵다고 하는데요. 긁을 경우 상처가 심해질 수 있기 때문에 긁으면 절대 안 된다고 합니다. 보건 단체에서는 이 피부 알레르기에 대해 조사하던 중 원인이 지구온난화와 관계있음을 알고 대책 마련에 총력을 기울이고 있습니다.

뉴스를 본 보람이 엄마가 소리쳤다.

"뭐? 피부 알레르기 원인이 지구온난화와 관계있다고? 그럼 도대체 어떻게 해야 하는 거야? 어휴, 적도 부근에 사는 사람들은 모두 이 피부 알레르기로 고생하라는 거야, 뭐야?"

"지구온난화가 원인이라면 자동차를 없애고 원시시대로 돌아가면 해결될 문제 아니에요? 안 그래도 지구온난화 현상이 점점 심해져 사람들이 지구온난화, 지구온난화 하면서 걱정하는데, 자동차를 모두 없애고 원시시대로 돌아가면 해결되지 않을까요?"

보람이의 말을 듣고 있던 나머지 식구들은 감탄 어린 눈으로 보람이를 쳐다보았다.

"보람아, 당장 네 의견을 인터넷에 올려! 전 세계적으로 힘을 합쳐서 지구온난화를 물리치는 거야! 어휴, 가려워……."

그렇게 해서 보람이는 인터넷에 자신의 생각을 올렸다. 다음 날 아침 검은 양복을 입은 남자가 보람이를 찾아왔다.

"혹시 보람 양 되십니까? 같이 지구법정으로 가 주셔야겠습니다. 말도 안 되는 의견을 인터넷에 유포한 죄로 고소가 들어왔습니다."

"뭐라고요?"

누군지도 모르는 사람에게 고소를 당한 보람이는 결국 지구법정에 서게 되었다.

지구온난화 때문에 밤에도 대기의 열이 식지 않고
높은 온도가 계속되는 열대야 현상이 생깁니다.
도시 지역에서 장기간 지속되는 더위는 스모그를 일으키기도 하고,
사람의 피부에 알레르기를 일으키거나 호흡기에 병을 생기게 하지요.

## 여기는 지구법정

지구온난화와 알레르기는
어떤 관계가 있을까요?
지구법정에서 알아봅시다.

🗿 재판을 시작하겠습니다. 먼저 원고 측 변론
하세요.

🦫 아무리 요즘 이 인터넷에 자신의 의견을 맘
대로 쓸 수 있는 시대라고 하지만, 자신이 쓴 글에 대해서는
반드시 책임을 져야 합니다. 반드시 과학적으로 입증된 것에
대해서만 글을 올리는 자세가 필요합니다. 그러므로 과학적
근거가 없는 글을 올려 정부와 국민을 혼란에 빠지게 한 원고
는 유죄라고 생각합니다.

🗿 피고 측 변론하세요.

🦫 지구온난 의학 연구소의 아프니 소장을 증인으로 요청합니다.

몸이 비쩍 말라 제대로 먹지 못한 것처럼 보이는 50대 남자
가 증인석에 앉았다.

🦫 증인은 무슨 일을 하고 있죠?

🧑 지구온난화와 인간의 건강에 대한 연구를 하고 있습니다.

🦫 피고 측 주장대로 지구온난화와 알레르기가 관계있습니까?

그렇습니다. 사람의 몸은 일과 휴식의 형태에 맞추어져 있기 때문에 과로를 하면 병이 생기지요. 이렇게 병이 나면 몸에 열이 나는데, 열이 많이 나는 조건에서는 우리 몸이 휴식을 취해야만 합니다. 기계를 하루 종일 돌릴 수 없는 이유와 같습니다. 그러므로 낮에 지구가 더웠다면 저녁에는 선선해져야 합니다. 하지만 불행하게도 지구온난화 때문에 오늘날 지구는 대기의 열이 식지 않고 밤에도 높은 온도로 올라가는 열대야 현상을 보이고 있습니다. 저위도 지방에서는 큰 온도 상승을 보여 50°C를 넘기기도 하지요. 결국 도시 지역에서 장기간 지속되는 더위는 스모그를 일으키기도 하고, 사람의 피부에 알레르기를 일으키거나 호흡기에 병이 생기게 하지요.

그렇군요. 그렇다면 지구온난화와 알레르기가 관계있다는 것이 사실이군요. 그렇죠, 판사님?

인정합니다. 역시 또 지구온난화가 문제군요. 별의별 영향을 다 끼치다가 이번에는 사람의 몸에까지 알레르기를 일으키게 하다니. 정말 지구온난화는 너무 싫어요. 빨리 막아야겠습니

알러지

알러지는 알레르기(Allergy)라고도 하며, 과민 반응이라는 뜻이다. 1906년 프랑스의 폰 피케르가 처음으로 사용하였다. 알러지는 어떤 외래성 물질과 접한 생체가 그 물질에 대하여 정상과는 다른 반응을 나타내는 현상을 일컫는다.

다. 이상으로 재판을 마치도록 하겠습니다.

재판이 끝난 후, 지구온난화 대책위원회에서는 자신들의 노력 부족으로 피부 알레르기가 생긴 사람들에게 죄송하다는 내용의 글을 홈페이지에 올렸다.

# 농사를 지으면 지구가 더워질까?

농업 과정에서 온실가스가 방출된다는데, 정말일까요?

사건속으로

과학공화국의 한 도시인 패티앙에는 많은 사람들이 모여 살고 있었다. 이 도시 사람들은 움직이는 걸 너무나 싫어해서 대부분 비만 환자로 살아가고 있다. 그들은 항상 느긋했으며, 한번 식사를 시작하면 두 시간이 지나서야 겨우 끝나곤 했다. 그들은 한자리에 앉으면 아무 생각 없이 그곳에 계속 앉아 있었다. 이웃 마을 사람들은 이 마을에 '뚱뚱보 마을'이라는 별명을 지어 주었다. 패티앙은 먹을 것이 넘쳐나고 풍요로웠으며, 길거리에 있는 개조차 토실토실했다. 이들 중 일을 하기 위해 바쁘게 뛰어 다니는 사람은 아무도 없었다. 그들은 그렇게 삶을 즐기며 살고 있었다.

그러던 어느 날, 패티앙으로 한 사람이 이사를 왔다. 그는 매우 말랐으며 키가 컸다. 그의 이름은 신경통이었다. 그는 씨니앙이라는 나라에서 왔는데, 씨니앙 사람들은 늘 바쁘게 움직이기로 유명했다. 신경통은 씨니앙의 지구 지키기 단체인 '독수리 5인조'의 일원이었다. 패티앙 도시에 협조를 요청했으나 아무리 기다려도 연락이 없자 단체장이 신경통에게 패티앙으로 이사를 가서 지구 지키기 문제가 얼마나 중요한 과세인지 패디앙 사람들에게 널리 알리고 오라고 했다. 그런데 막상 패티앙에 온 신경통은 앞이 캄캄해지는 것을 느꼈다. 씨니앙 사람들은 대부분 먹고 즐기는 것은 사치라고 생각하는 사람들이었다. 그런 곳에서 살던 신경통은 패티앙 사람들을 보며 당황했다.

'아니, 왜 저렇게 밥을 오랫동안 먹는 거지? 빨리 배만 채우고 일어나 자기 일을 하면 좋을 텐데. 밥, 빵, 주스, 후레이크, 아이스크림, 과일까지 꼭 일일이 디저트를 챙겨 먹어야 하나?'

'아니, 이 사람들은 왜 급한 일이 있어도 뛰지 않는 거지? 어이구, 답답해.'

그는 패티앙 사람들에게 '독수리 5인조'를 알리기 위해 우선 팸플릿을 만들기로 하였다. 며칠 뒤 패티앙은 팸플릿 제조 회사를 찾아갔다.

"안녕하세요? 제가 5일 전에 팸플릿을 부탁했던 신경통입니다.

300장 다 만들어졌죠? 어디 있습니까?"

"아, 며칠 전에 팸플릿 부탁했던 사람이구먼. 그거 우리 아직 손도 안 댔어. 뭐, 급하게 할 것 있나? 천천히 하면 되지."

"아니, 사장님, 우리 마을에서는 팸플릿 300장 정도는 하루 만에 다 만들어 내는데, 여기는 팸플릿 300장 만드는 데 5일이 넘게 걸립니까?"

"그렇게 급하게 만들어야 한다면 우리도 하기 싫소. 우리는 일에 치이고 싶지 않단 말이오. 솔직히 아침 9시에 출근해서 10시에 간식시간, 12시부터 3시까지 점심시간, 4시 휴식시간, 6시에 퇴근이니 우리가 뭐 일할 시간이나 있겠소? 기간을 한 달 정도 줄 게 아니면 그냥 취소하시구려."

"뭐요? 겨우 팸플릿 300장에 한 달을 달라고? 에잇!"

신경통은 화가 나서 문을 쾅 닫고 밖으로 나와 버렸다.

'휴, 어쩌지? 얼른 지구 지키기의 중요성을 사람들에게 알려야 하는데……'

그는 씨니앙에 있는 단장과 나눈 대화가 떠올랐다.

"경통 회원, 요즘 지구온난화 현상이 점점 가속화되고 있는 건 알고 있지? 그 원인이 뭐라고 생각하나?"

"글쎄요. 저는 잘……"

"바로 농업일세. 농사 때문이란 말이야. 농업이 지구온난화를 가속화 시키고 있네. 그렇기 때문에 농업을 없애고 생명과학을 이용하여 실험실에서 식량을 생산해야 하네. 농업을 없애는 것만이 지구온난화 진행을 멈출 수 있는 길일세."

"그게 정말입니까?"

"그렇다네. 하지만 세상 사람들은 아직 그 사실을 모르지. 그러니 자네가 사람들에게 이 사실을 일깨워 줘야 하네. 자넨 우리 '독수리 5인조'의 힘일세."

신경통은 단장과의 대화가 떠오르자 여기서 포기하면 안 된다는 생각이 들었다. 어떻게 하면 이 사실을 패티앙 사람들에게 알릴 수 있을까, 하고 곰곰이 생각하던 신경통은 갑자기 머리를 탁 쳤다.

'그래, 바로 그거야! 왜 내가 이 생각을 못했지?'

그는 사람들이 가장 붐비는 식당으로 들어갔다. 이미 많은 사람들이 나무늘보처럼 테이블에 앉아서 온갖 음식을 즐기며 먹고 있었다. 그는 준비해 간 스피커를 꺼내 입에 가까이 대고 외쳤다.

"패티앙 시민 여러분! 지구온난화에 대해 들어 보셨습니까? 요즘 들어 지구온난화 현상은 점점 더 심해지고 있습니다. 가장 큰 이유는 바로 농업에 있습니다. 농업이 지구를 위협하고 있는 것이죠. 그러므로 농업을 없애야 합니다. 그럼 식량은 어떻게 하냐고요? 걱정하지 마십시오. 식량은 생명과학을 이용하여 실험실에서 생산하면 됩니다. 패티앙 시민 여러분, 농업을 금지합시다!"

밥을 먹고 있던 사람들은 신기한 눈으로 그를 쳐다봤다. 왜냐하면 느릿느릿한 패티앙에서 그렇게 소리치는 사람은 몇 년 만에 처음 봤기 때문이다.

몇 달 뒤, 경찰이 신경통을 찾아왔다.

"아, 당신이 그 유명한 신경통 씨군요. 몇 달 전, 식당에서 지구온난화를 막기 위해 농업을 폐지하자고 말씀하셨죠? 농민들이 농업과 지구온난화가 무슨 관계가 있냐며 고소를 해 왔습니다. 같이 지구법정으로 가 주셔야겠습니다."

농업에서는 여러 경로를 통해 온실가스가 방출됩니다.
따라서 농업도 지구의 환경 문제를 생각하여
온실가스를 덜 배출하는 영농으로 바뀌어야 합니다.

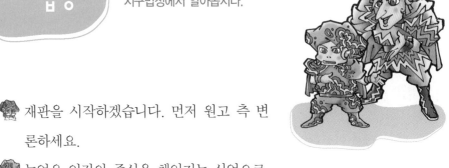

### 여기는 지구법정

**농사가 지구온난화에 영향을 줄까요?**
지구법정에서 알아봅시다.

🗿 재판을 시작하겠습니다. 먼저 원고 측 변
론하세요.

🐶 농업은 인간의 주식을 책임지는 산업으로,
오랜 역사를 자랑하고 있습니다. 그런데 이 농업이 지구온난
화의 원인이라니요? 이건 정말 말도 안 되는 논리입니다. 지
구온난화의 원인은 농업이 아니라 공장에서 배출하는 각종 온
실가스입니다. 그렇죠, 판사님?

🗿 그런 것도 같고…… 음, 그럼 피고 측 변론하십시오.

🐺 농업 환경 연구소의 김농부 씨를 증인으로 요청합니다.

　시원해 보이는 삼베옷을 걸쳐 입은 60대 남자가 증인석에
앉았다.

🐺 증인, 우리가 오랫동안 해 온 농업이 지구온난화와 관계가 있
습니까?

🧑 농업에서는 여러 경로를 통해 온실가스가 방출됩니다.

🐺 조금 더 자세히 설명해 주시죠.

예를 들어 곡식을 심기 위해 토지를 개간하는 과정에서, 또 농사를 지으면서 생긴 쓰레기를 태우는 과정에서 이산화탄소를 방출하지요. 또한 농사를 지을 때는 경운기처럼 화석연료를 이용하기도 하고, 해충을 죽이기 위해 살충제와 농약을 사용하기도 하는데, 이 과정에서도 이산화탄소가 방출됩니다.

이산화탄소의 발생이 문제군요.

그뿐만이 아닙니다. 벼와 건초에서는 메탄이라는 온실가스가 방출되지요. 또한 질소비료를 통해서는 질소 산화물이 발생하는데, 이 또한 온실가스입니다.

그렇군요. 하지만 농사를 안 지을 수도 없고 이 일을 어쩌죠?

그래요. 지금 현재로서는 생명과학을 이용하여 모든 식량을 공장에서 만들어 낼 수 있는 단계가 아닙니다. 하지만 언젠가는 그런 세상이 오겠지요. 그러므로 현 시점에서는 농업도 지구의 환경 문제를 생각하여 온실가스를 덜 배출하는 영농으로 바꿔야 한다는 것이 재판부의 의견입니다. 이상으로 재판을 마치도록 하겠습니다.

 메탄

메탄은 탄소 원자 1개에 수소원자 4개가 결합한 기체로 이산화탄소보다 훨씬 더 많은 양의 열을 저장할 수 있어 지구를 더워지게 만드는 온실가스로 분류된다. 소의 트림이나 방귀에서도 메탄이 방출된다.

　재판이 끝난 후, 지구 환경단체와 농업연맹은 힘을 합쳐 온실가
스를 줄이는 영농법 개발에 최선을 다하겠다고 국민들에게 약속
했다.

# 지구를 살리는 새로운 에너지

화석연료의 사용에 따라 지구의 온도가 올라간다는 것이 사실일까요?

사건속으로

"에헴!"

커피 자판기 앞에서 커피를 뽑고 있던 김 박사를 향해 이 박사는 괜한 인기척을 냈다. 머리가 하얗게 세어 있어 나이가 꽤 들어 보이는 이 박사는 김 박사에게 먼저 인사하기가 싫어 일부러 인기척을 낸 것이다.

'뒤돌아보기 싫은데……. 나이에 걸맞지 않게 유치한 행동이라니. 정말 정 떨어지는 사람.'

김 박사는 속으로 이렇게 투덜거리다가 다 나온 커피를 들고 환하게 웃으며 뒤돌아보았다.

"아니, 이 박사, 여긴 어쩐 일로?"

"어쩐 일이라니? 초대장 받고 왔지요."

'에라, 내가 안 오길 바랐냐?'

이 박사는 속으로 비웃었다.

'너만 안 왔어도 즐거운 회의가 되었을 텐데, 너 때문에 다 망했다!'

김 박사 또한 불만이었다. 물론 얼굴은 활짝 웃고 있었다.

"아, 그럼 저 먼저 들어가 보겠습니다. 이 박사도 얼른 들어오시지요."

"네네, 들어가세요."

'아우, 뭘 해도 미워 보이냐. 뒤통수를 확!'

이 박사는 발표장으로 먼저 들어가는 김 박사를 향해 속으로 외쳤다.

이 박사는 행성 학회의 대표이며, 김 박사는 우주 학회의 대표이다. 이 단체들은 모두 '우리 지구'라는 연합에 가입되어 있는데, 이 연합은 지구 살리기를 목표로 하는 모임이다.

행성 학회와 우주 학회, 이 두 단체는 원래 의견 충돌이 잦아 사이가 좋지 않은데, 특히나 이 두 명의 박사들은 유치하리만큼 사이가 좋지 않았다.

사실 이 둘은 중학교, 고등학교 동창생이다.

어렸을 때부터 전교 1, 2등을 다투던 이 박사와 김 박사는 늙어

서까지도 경쟁을 하고 있는 것이다.

"자자, 지금부터 우리 반 등수를 발표하겠어요."

담임선생님이 말씀하시자 학생들은 야유를 퍼부었다.

"아, 선생님~ 그냥 혼자만 알게 해 주세요~. 부끄럽게 왜 그러세요."

"이놈들아, 너희들은 좀 창피를 당해 봐야 공부를 하지! 성적이 다들 이게 뭐니!"

"아~~."

학생들이 떼를 썼지만 선생님은 이미 귀를 막으신 지 오래였다.

"자, 우리 반의 못 말리는 꼴등! 김범식!"

"하하하하, 넌 항상 꼴등이냐~."

"난 운동선수라서 그래!"

얼굴이 잔뜩 빨개진 범식이는 자기를 보며 비웃는 친구들을 향해 야구 글러브를 손에 쥔 채 중얼거렸다.

방금 전까지 긴장했던 학생들은 긴장이 풀려 전부 웃고 떠들었다. 그래도 속으로는 '내 이름이 제발 조금이라도 늦게 나왔으면……' 하고 빌고 있었다.

"음, 이제 누구 남았지? 두 명 남았네. 이용한과 김만조."

"지난번엔 용한이가 1등 했으니까 이번엔 만조가 하면 되겠네."

친구의 장난스런 말에 교실은 웃음바다가 되었지만 이 두 사람은 전혀 웃기지 않았다.

'이용한, 절대 질 수 없어. 지난번엔 실수로 한 문제를 틀려서 너한테 졌지만, 이번엔 만점이야. 후후!'

'김만조, 넌 김만 먹어. 1등은 내가 먹어 주마. 하하!'

이 둘의 마음은 이렇게 엇갈리고 있었다.

"우리 반 일등은 김만조! 이번 시험에서 만점을 받았네. 축하한다!"

선생님의 말씀에 학생들은 탄성을 내질렀다.

"이용한이 이번엔 2등이지만 너희 둘은 정말 대단해! 괜히 주눅들지 말도록! 전교 꼴등 범식이도 있는데~, 안 그래?"

선생님의 위로 말씀에 범식이가 억울하다는 듯이 말했다.

"아, 선생님~ 거기서 제가 왜 나와요."

"하하하, 네가 워낙에 무식하니까 선생님이 그런 말씀을 하시잖아~."

"하하하하!"

교실 분위기는 좋았지만 이용한은 전혀 즐겁지 않았다. 김만조와 번갈아 가며 1등을 해 왔지만 잠시라도 2등으로 밀려나기 싫었다.

이렇게 김만조와 이용한은 어렸을 때부터 불꽃 튀는 경쟁자로 학교에서 유명했다.

'탕탕탕.'

회의 시작을 알리는 소리가 들렸다. 술렁거리던 실내가 이내 잠잠해졌다.

"자자, 지금부터 제31회 우리 지구 연합 회의를 시작하도록 하겠습니다."

진행자가 회의의 시작을 알렸다.

"오늘은 석탄과 석유 같은 화석 연료를 사용하지 않고 새로운 에너지원을 찾는 것에 대해 토론을 하겠습니다. 아시다시피 석탄과 석유는 환경에 나쁜 영향을 끼치고, 머지않아 고갈되고 말 것입니다. 이번 기회에 새로운 에너지원을 찾아서 석탄과 석유의 고갈을 두려워하지 맙시다!"

김 박사의 말이 끝나기가 무섭게 이 박사가 반기를 들었다.

"말도 안 돼요! 아직은 그럴 때가 아니라고 봅니다. 너무 성급한 거 아니오?"

"성급하다니요? 우리 우주 학회에서 몇 십 번의 회의를 거치고 거쳐서 나온 안건인데, 그런 찬물을 끼얹는 발언은 자제해 주시죠, 이 박사."

"김 박사, 무슨 말을 그렇게 하시오? 내가 찬물을 끼얹었다니! 당신은 불이나 붙이지 마시오!"

"지구는 한정된 석탄과 석유를 가지고 있습니다. 언제까지 조마조마해 가며 살아야 합니까? 어서 새로운 에너지원을 찾아 우리 모두 마음 놓고 사용하는 것이 더 나은 것 아닙니까?"

"아직은 아닙니다. 혹시 모르죠, 김 박사 집에서 난방과 냉방에 혼신의 힘을 가한다면 금방 고갈될지~."

이 박사의 발언에 회의장이 온통 웃음바다가 되었다. 잔뜩 화가 난 김 박사는 이 박사에게 소리를 질렀다.

　"이 박사! 아니, 이용한! 지금 뭐 하자는 거요! 내가 하는 말이 그렇게 우습소? 이렇게 많은 사람들 앞에서 나를 모욕하다니, 더 이상 참을 수 없소! 지구법정에 당장 고소하겠소!"

화석연료를 줄이면 지구의 온도가 급속히 올라가는 것을 막을 수
있습니다. 그러기 위해서는 가까운 거리는 차를 타지 말고 걸어가는 등
화석연료를 줄일 수 있는 여러 가지 방법을 모색하고, 동시에
새로운 에너지 개발에 시간과 투자를 아끼지 말아야 할 것입니다.

여기는 지구법정

석탄과 석유는 지구온난화에
어떤 영향을 줄까요?
지구법정에서 알아봅시다.

재판을 시작하겠습니다. 먼저 피고 측 변론하세요.

이 박사에게 무슨 잘못이 있나요? 지금 당장 석탄과 석유를 사용하지 않고 어떻게 에너지를 만든단 말입니까? 말이 되는 소리를 해야지. 그러므로 현재의 과학 수준에서 해결할 수 없는 방법을 제시한 원고의 잘못이 더 크다는 게 본 변호사의 생각입니다.

원고 측 변론하세요.

화석연료 억제 연구소의 노화석 소장을 증인으로 요청합니다.

얼굴이 유난히 하얀 30대의 깡마른 남자가 증인석에 앉았다.

증인이 하는 일은 뭐죠?

화석연료를 억제할 수 있는 연구를 하고 있습니다.

화석연료가 무슨 문제가 되나요?

석탄과 석유와 같은 화석연료를 사용하면 연소 과정에서 이

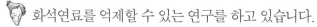

산화탄소가 방출됩니다. 현재 세계환경연합의 보고에 따르면 지구의 온도가 1°C 올라가는 것을 막을 수 있는 탄소의 양이 2250억 톤이라고 합니다. 그러므로 화석연료를 줄이면 지구의 온도가 급속히 올라가는 것을 막을 수 있다는 것입니다. 산업화 전에 대기 중 이산화탄소의 농도는 꽤 안정적인 280ppm이었지만, 오늘날에는 360ppm이고, 점점 더 올라가고 있습니다. 현재 수준에서 지구의 안정을 위해서는 이산화탄소의 농도를 70퍼센트 수순으로 줄여야 합니다. 그리기 위해서 가까운 거리는 걸어 다니는 등 화석연료를 줄일 수 있는 여러 가지 방법을 모색하고, 동시에 새로운 에너지 개발에 시간과 투자를 아끼지 말아야 할 것입니다.

알겠습니다. 이번 재판을 통해 화석연료의 사용을 줄여야 한다는 것에 깊이 공감하게 되었습니다. 우선 저부터 자동차를 팔고 걸어 다니거나 대중교통을 이용하도록 하겠습니다. 그리고 피고 측의 고소는 기각합니다. 이상으로 재판을 마치겠습니다.

원자와 원소

ppm은 parts per million의 앞 철자이며 백만분율이라고도 부른다. 아주 적은 양이 포함되어 있을 때 비율의 단위로 쓰이며 백분율(퍼센트)과의 관계는 1ppm=0.0001퍼센트가 된다.

재판이 끝난 후, 판사는 정말로 아끼던 자동차를 팔았다. 그리고
다음 날부터 그는 자전거를 타고 지구법정에 출근했다.

# 방귀 모으기

냄새나는 방귀를 모아 에너지로 사용할 수 있을까요?

**사건속으로**

강심장 박사. 그는 어렸을 때부터 세계 인류를 위해 큰 업적을 쌓고 싶었다. 처음 박사가 됐을 때에는 마징가Z나 태권V 같은 로봇을 만들어 세계 평화에 기여하고 싶었으나, 차츰 나이가 들고 현실적이 되면서 그는 지구온난화 문제에 주목하기 시작했다. 우리 지구의 온도는 계속해서 상승하고 있고 지구의 온도 상승으로 인해 지구는 몸살을 앓고 있다.

"아, 어떡하면 좋단 말인가? 지구의 온도 상승을 막을 방법은 없는 것일까?"

강심장 박사는 오늘도 고민에 빠졌다. 그때 창문 밖을 바라보니 옆집에 사는 노방구 씨가 뒤뜰에서 쓰레기를 태우고 있었다.

"아니, 저 몰상식한 인간 같으니라고! 저렇게 그냥 쓰레기를 태우면 나쁜 기체가 얼마나 많이 나오는지 모르나?"

그와 동시에 강심장 박사사 손가락을 '딱' 마주치며 말했다.

"그래! 저 쓰레기를 태울 때 나오는 나쁜 기체를 최소화시키고, 그때 발생하는 열로 재생 에너지를 만든다면 지구온난화에 큰 도움이 될 거야."

강심장 박사는 좋은 생각을 해냈다며 만족스러워했다.

그때 노방구 씨가 아주 큰 소리로 방귀를 뀌고 말았다.

"뿌우우우웅~."

"음, 사람 방귀의 주성분은 메탄가스지. 실제로 메탄가스에 불을 붙이면 불이 붙는다더군. 또 메탄가스는 지구온난화의 주범이기도 하지. 저 기체를 이용할 방법이 없을까? 그냥 버리기에는 너무 아까워."

강심장 박사는 다시 고민에 빠졌다. 그러다 번개같이 또 다른 생각이 스쳤다.

"그렇지! 사람의 항문에 주머니를 달아 저 방귀를 모으는 거야. 저 방귀를 모아 야외에서 밥을 해 먹을 때나 불이 필요할 때 휴대용으로 사용하는 거야. 흐흐흐, 나는 정말이지 천재야!"

강심장 박사는 자신의 아이디어에 또 한 번 감탄했다. 그는 행여

잊어버릴까 싶어 재빨리 컴퓨터를 켜고 방금 했던 자신의 생각들을 문서화하기 시작했다. 그리고 난 뒤 그는 이 아이디어를 실행해 보기로 결심했다. 그는 자기 집 지하실에 들어가 속옷 엉덩이에 달고 다닐 방귀 주머니를 만들었다.

때마침 부엌에서 아내의 소리가 들렸다.

"여보, 점심 먹어요. 오늘은 당신이 좋아하는 비빔국수를 만들었어요."

"응, 알았어. 지금 살세."

부엌에 가니 새콤달콤한 비빔국수 냄새가 코를 찔렀다.

"여보, 오늘부터 속옷 안에 이걸 넣어서 착용해 봅시다."

"아니, 그게 뭔데요?"

강심장 박사는 방금 만든 방귀 주머니를 아내에게 건넸다.

"지구 평화를 위해 내가 발명한 거야. 흐흐흐, 이걸 팬티 안에 넣어서 방귀를 모아 재생 에너지로 사용할 거야."

"어머, 당신 정말 멋져요. 지구 평화를 위해 저도 이걸 사용하겠어요, 라고 할 줄 알았어요? 당신 미쳤어요? 아우, 그런 생각을 하다니 당신 정말 황당해요. 쓸데없는 생각 말고 밥이나 먹어요."

"오호, 냄새가 향기로운걸. 어디 맛 좀 볼까?"

침을 삼키며 젓가락을 드는데, 이게 웬걸!

"아니 당신, 집에서 왜 일회용 제품을 사용해? 이 나무젓가락은 뭐야?"

"아이, 여보도 참. 비빔국수같이 간단한 거 먹는데 또 설거지 거리를 만들 수는 없잖아요. 그래서 저번에 통닭 시켜 먹을 때 온 나무젓가락 좀 썼죠."

"아니 그래도, 이 나무젓가락을 태울 때 나오는 기체가 우리 환경에 얼마나 나쁜 영향을 미치는지 모르고 하는 소리야?"

"아아, 당신 정말! 당신이 외치는 지구 평화가 얼마나 나를 미치게 하는지 모르고 하는 소리예요? 당신, 정말 미워요!"

강심장 박사가 지구온난화 문제 때문에 아내와 싸운 것은 하루이틀이 아니었다. 그는 지구의 환경을 파괴시키고, 부부 사이에 싸움을 유발시킨 이 문제를 해결하기 위해 또 다시 고민에 빠졌다.

"음! 뭐 좋은 방법이 없을까?"

그는 나무젓가락을 이리저리 돌려 보고, 냄새도 맡아 보고, 물어 뜯어 보기도 했다.

"그래, 이 나무젓가락을 처리할 때 그냥 버리지 말고 아예 다 먹어 치운다면 어떨까? 어? 이 생각 괜찮은 거 같은데? 흐흐, 역시 난 천재야!"

그는 황당하지만 뭔가 실리가 있어 보이는 자신의 생각에 만족감을 드러내며 씩 웃었다. 그는 이 생각들을 자기만 가지고 있을 게 아니라, 과학공화국 사람들이 모두 실천해야 한다고 생각했다. 그래서 그는 신문을 통해 쓰레기를 태울 때 나오는 나쁜 기체를 이용

해야 하고, 방귀를 뀔 때 나오는 에너지를 이용하기 위해 방귀 주머
니를 속옷 안에 착용해야 하며, 일회용 제품을 먹을 수 있도록 만들
어야 한다고 주장했다. 그러자 과학공화국에서는 강심장 박사의 논
리가 말도 안 되는 소리라며 박사를 지구법정에 고소했다.

최근에는 화석연료를 이용한 에너지 대신 풍력, 조력, 지열,
수소연료, 태양 에너지와 같이 지구 온난화에 영향을 주지 않는
에너지를 개발하는 데 주력하고 있습니다.

## 여기는 지구법정

**방귀도 에너지가 될까요?**
지구법정에서 알아봅시다.

재판을 시작하겠습니다. 먼저 원고 측 변론하세요.

방귀를 안 뀌는 사람들은 없습니다. 비단 사람뿐 아니라 동물들도 방귀를 뀌시요. 그런데 하루에도 몇 번씩 뀌는 방귀를 모아 에너지를 만들겠다니요? 그리고 이것이 지구온난화를 막는 것과 관련이 있다니요? 정말 이해가 안 되는 주장입니다. 정말 이 냄새나는 재판을 빨리 끝내 주세요, 판사님.

냄새가 나다니요?

전 민감한 체질이라 방귀 얘기만 들어도 냄새가 올라와요.

이상한 체질이군요. 그럼 이번엔 피고 측 변론하세요.

재생 에너지 연구소의 나재생 박사를 증인으로 요청합니다.

깔끔한 티셔츠 차림의 30대 남자가 증인석으로 성큼성큼  걸어 들어왔다.

증인이 하는 일은 뭐죠?

지구온난화를 막으면서 에너지를 재활용하는 방법을 연구 중입니다.

구체적으로 어떤 연구죠?

현재 세계에서 주로 사용되고 있는 에너지 자원은 석유, 천연가스, 석탄, 우라늄 등으로, 이들은 모두 재생이 불가능한 에너지입니다. 더군다나 이들 에너지는 대략 석유가 40년, 천연가스는 57년, 석탄은 200년, 우라늄은 43년 정도 후에는 사용이 불가능한 자원이지요. 다만 우라늄은 사용한 후 나온 폐기물에서 플루토늄을 모아 더 오랜 시간 동안 에너지원으로 사용할 수 있지만, 어찌 되었건 간에 4억 년이라는 오랜 시간을 거쳐 식물에 저장되어 있던 에너지를 인간은 1000년 남짓 동안에 다 소모하는 셈입니다. 그리고 그 소비의 속도가 더욱 빨라지고 있는 추세지요. 그래서 과학자들은 이런 화석연료가 사라지는 것에 대비하고 지구온난화의 원인이 되는 이산화탄소의 양을 줄이기 위해 화석연료의 사용을 억제하자는 것이지요. 그리하여 에너지 효율을 높이거나 에너지를 아끼고, 화석에너지를 대체할 재생 가능한 에너지를 개발해 사용하는 방법을 연구 중입니다.

어떤 재생 에너지가 연구되고 있죠?

최근에는 화석연료를 이용한 에너지 대신 풍력, 조력, 지열, 수소연료, 태양 에너지와 같이 지구온난화에 영향을 주지 않는 에너지를 개발하는 데 주력하고 있습니다.

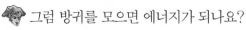 그럼 방귀를 모으면 에너지가 되나요?

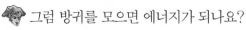 방귀에는 메탄가스가 많이 들어 있습니다. 메탄가스는 소나 양과 같이 되새김질을 하는 동물의 트림에서도 많이 방출되는데, 이 메탄가스는 열을 잘 흡수하는 온실가스로 지구온난화를 일으킵니다. 그러므로 방귀나 소의 트림을 모아서 부탄가스 대신 요리를 한다면 대기로 방출되는 메탄가스의 양을 줄일 수 있을 것이라는 생각이 듭니다. 물론 그 효과는 미약하겠지만, 이런 시도를 통해 사람들이 지구온난화에 대한 경각심을 가질 수 있다는 점에서 우습긴 하지만 중요한 연구라고 생각합니다.

그렇군요. 그럼 판사님 판결 부탁드립니다.

판결하겠습니다. 비록 방귀를 모아서 에너지로 활용하는 것이 우스꽝스러운 일인 것 같지만, 그동안 간과해 왔던 지구온난화 문제에 대해 사람들의 관심을 모을 수 있다는 점에서 강심장 박사의 연구는 계속되어야 한다고 생각합니다. 이상으로 재판을 마치도록 하겠습니다.

---

 화석연료

화석연료는 사람이 사용하는 여러 종류의 에너지 자원 중 한 가지로, 오래전 지구에 살았던 동식물의 유해가 화석이 되어 만들어진 에너지 연료를 모두 일컫는다.

---

재판이 끝난 후, 강심장 박사는 방귀 박사로 유명해졌으며, 방귀를 여러 방법을 이용해 사용 가능한 에너지로 만드는 일에 앞장섰다. 그로 인해 과학공화국에서는 방귀에 대한 인식이 좋게 바뀌었다.

# 사막을 지켜라

사하라사막의 모래바람 속에 지구를 식히는 물질이 들어 있을까요?

사건속으로

아프리카 사하라사막의 인근 마을에는 요즘 조용할
날이 없다.

지금 아프리카 사하라사막에서 모래바람이 불어오고 있으니 모두
선글라스와 마스크를 착용해 주시고 바깥출입을 삼가도록 하십시오.

일기예보에서 모자에 선글라스, 마스크로 무장한 기상 캐스터가
나와 모래바람을 조심하라고 말하는 게 벌써 한 달이 넘었다. 마을
사람들은 모래바람 때문에 많은 피해를 입고 있으며, 길거리를 지

나가는 커플도 예외는 아니었다.

"어머! 자기야~ 나 잡아 봐라~."

"너~ 잡히면 갈비뼈 으스러지도록 꼭 안아 줄 테야~."

사귄 지 한 달도 되지 않은 커플이 하늘에 사랑표를 날리며 길을 걷고 있었다. 그때 바람이 한차례 두 사람을 스쳐 갔다.

"우리 자기, 너무 가벼워서 바람에 쓰러질까 걱정돼~."

"어머~ 든든한 자기만 있다면 상관없어~."

이렇게 어떤 상황에서도 닭살을 유지하던 커플에게도 아주 거센, 아프리카 사하라사막에서 시작된 모래바람이 공격하면 상황은 바뀌고 만다.

"어머~ 자기야, 내 눈에 모래가 들어갔나 봐. 이것 좀 불어 줄래?"

"잠깐만, 내 눈에도 모래가 들어갔어. 우선 내 눈 좀 불어 줘."

"자기야, 내 눈이 더 아프다니까. 내 눈 좀 봐!"

"볼 수 있어야 보지! 나도 눈에 모래가 들어갔다고!"

이렇게 두 사람 눈에 모래가 들어가 싸우기 일쑤였고, 그래서 많은 커플들이 깨지게 되었다. 한편, 아주머니들의 팔뚝은 예사롭지 않게 굵어져 갔다.

"엄마, 오늘 학교에 입고 갈 옷이 까끌까끌해."

한 초등학생이 옥상에 널어 말린 옷을 걷으려고 할 때였다. 옷에 까칠까칠한 모래가 잔뜩 묻어 있자 울상이 되어 엄마를 불렀다.

"엄마가 어제 하루종일 팔뚝이 허벅지가 될 정도로 열심히 빨았는데 무슨 말이야?"

"밖에 널려 있는 거 걷으니까 까칠까칠한 모래밖에 없어."

엄마는 아이가 들고 있는 옷을 받아 살펴보았다. 정말 입지 못할 정도로 옷에 모래가 잔뜩 묻어 있었다.

"어디 보자. 정말이네. 에휴! 다시 빨아야겠다."

밖에 빨래를 널면 모래바람 때문에 옷이 다시 더러워지기 일쑤였다. 그래서 마을 아주머니들은 매일같이 빨래를 할 수밖에 없었다. 그러면서 모두 보디빌더를 해도 될 만큼 팔에 근육이 생겼다. 이런 일이 계속되자 더 이상은 안 되겠다고 생각한 동네 주민들이 긴급 반상회를 열었다.

"요즘 이 모래바람 때문에 못 살겠어요. 매일 빨래하는 건 고사하고, 선글라스까지 끼고 다니려니 답답해요."

"맞아요! 요즘 모래 때문인지 눈병이 유행하고 있던데……."

"그리고 요즘 애들 감기도 정말 자주 걸리더라고요. 폐렴 될까 봐 무섭다니까요!"

부녀회장 집에 모인 사람들은 저마다 모래바람 때문에 고생한 이야기를 하나씩 꺼내 놓았다. 모두 불평불만이 많았다. 마을 사람들의 이야기를 듣고 있던 부녀회장이 좋은 방법이 떠올랐는지 사람들을 집중시켰다.

"여러분! 텔레비전에 보니까 이 모래바람이 저기 옆에 있는 사하라사막에서 온다고 하대요. 이렇게 모래바람 때문에 고생하는 게

하루 이틀도 아니고, 사하라사막을 확 없애 버리는 건 어떨까요?'

"옳습니다! 이렇게 피해만 끼치고 아무 쓸데없는 사막을 없애 버립시다!"

"나도 찬성이에요! 이제 빨래 좀 그만 했으면 좋겠어!"

모래바람의 시작점인 사하라사막을 없애자는 의견이 나오자 마을 사람들은 모두 찬성했고, 얼마 지나지 않아 사하라사막 없애기 운동이 일어났다. 마을 사람들은 남녀노소 할 것 없이 이마에 띠 하나씩 두르고 마을을 돌아다녔다.

"사하라 모래바람, 가란 말이야! 너를 만나고 되는 일이 하나도 없어. 가!"

"아무 쓸데없는 사하라사막이 웬 말이냐! 차라리 없애 버리자! 없애 버리자!"

"속 썩이는 건 아들 성적표로 충분하다! 모래바람까지 내 속 썩이지 마라!"

사람들 모두 한목소리가 되어 소리쳤고, 이 소문이 퍼져 나가자 방송국 기자들까지 찾아와 취재를 했다. 결국 동네 주민들이 시작한 '사하라사막 없애기 운동'은 전국으로 방송되었다. 그러자 아프리카의 사하라사막 보존회에까지 이 사실이 알려져 전 세계 사람들의 관심이 이쪽으로 쏠렸다.

"사하라사막 보존회는 모래바람으로 고생하는 마을을 생각해 달라!"

주민들은 옆에 위치한 아프리카 사하라사막 보존회 사무실 앞까지 달려갔다. 주민들의 우렁찬 목소리를 도저히 못 견디겠는지 사하라사막 보존회에서 대표가 나와 주민들을 말렸다.

"여러분, 지금 사하라사막을 없애 버리면 안 됩니다! 큰일 납니다!"

"지금 우리가 모래바람으로 고생하는 건 큰일 아닙니까? 무슨 이유로 없애면 안 된다는 겁니까?"

부녀회장이 앞으로 나가 마을 사람들을 대표해서 말했다. 뒤에서 지켜보고 있던 마을 사람들이 부녀회장의 말에 고개를 끄덕였다.

"사막 바람이 지구의 온도를 내리는 역할을 합니다. 지금 사하라사막을 없애 버린다면 지구는 더욱 뜨거워질 것입니다!"

사막 보존회 대표는 마을 사람들이 납득할 수 있도록 천천히 설명했지만, 마을 사람들에게는 그것이 중요한 게 아니었다. 당장 마을에 모래바람이 불지 않는 것을 원했기 때문이다.

"아니, 사막을 없애면 지구의 기온이 올라간다는 말입니까? 사막을 그대로 놔 두려고 하는 거짓말 아닙니까?"

"아닙니다! 맹세코 그렇지 않습니다! 저희 말은 틀리지 않습니다!"

대표는 손까지 저어 가며 아니라고 말했지만 마을 사람들은 그의 말을 믿으려 하지 않았다. 마을 사람들, 그리고 사막 보존회 대표 모두 팽팽하게 자신의 의견을 주장하며 누구 하나 물러서지 않으려는 눈치였다. 결국 마을 사람들은 최후의 방법을 쓰기로 했다.

"우리에게 그런 거짓말을 믿으라는 겁니까? 계속 그렇게 나오시면 저희는 사막 보존회를 고소하겠습니다!"

"정말 믿으세요! 지구의 온도가 달려 있는 문제입니다!"

사막 보존회 대표는 간절한 눈빛으로 말했지만, 부녀회장은 눈도 깜짝 하지 않았다.

"저희도 저희의 생활이 걸려 있는 문제입니다. 사하라사막을 어떻게 하면 좋을지 지구법정에 맡겨 봅시다!"

"좋아요! 지구법정에서도 사하라사막을 없애면 안 된다는 판결을 내릴 것입니다!"

결국 이 문제는 지구법정으로 넘겨졌고, 사람들은 사하라사막을 없앨 것인지 그대로 보존할 것인지 지구법정의 판결을 그대로 따르기로 했다.

이산화탄소나 메탄가스와 같이 지구를 덥게 만드는
온실가스뿐 아니라 사막의 모래바람 속에는
지구를 식게 만드는 에어로졸도 존재합니다.

여기는 지구법정

사하라사막을 없애면 지구온난화가
심해질까요?
지구법정에서 알아봅시다.

🐾 재판을 시작하겠습니다. 먼저 지치 변호사,
의견 말씀해 주세요.

🐾 사하라사막은 아프리카 대륙 북부에 있는
거대한 사막입니다. 기후가 건조하고 물이 거의 없으며 모래
바람만 심하게 불어 사람이나 동물이 살기에도 힘든 불모지
죠. 이제 세계 인구는 너무 많아서 이런 불모지를 개발하여 식
량을 생산하거나 사람들이 살 수 있는 땅으로 만들어야 합니
다. 그러므로 사하라사막을 없애고 비옥한 땅을 만드는 데 찬
성합니다.

🐾 어쓰 변호사, 지치 변호사의 주장에 대한 반대 의견 있으면 말
씀하세요.

🐾 사막이 불모지라는 데는 같은 의견입니다. 하지만 거대한
사하라사막은 관광지로써 소중한 자원이며, 동시에 지구의
온난화를 막는 열할도 하므로 없애서는 안 된다고 생각합
니다.

🐾 사막이 어떻게 지구온난화를 막는다는 거죠?

🐾 거대한 사막의 모래바람 때문입니다.

잘 이해가 안 되는군요. 좀 더 자세히 말씀해 주시겠습니까?

거대한 사막에는 에어로졸이 포함된 강한 바람이 붑니다.

에어로졸이 뭐죠?

바람 속에 들어 있는 아주 작은 고체나 액체 상태의 입자를 말합니다. 에어로졸은 크기가 1㎖의 1000분의 1도 안 되지만 사막의 바람을 타고 낮은 고도에서 높은 고도까지 넓게 퍼져 있습니다. 이런 에어로졸은 태양에서 오는 햇빛을 사방으로 잘 산란시키기 때문에 지표에 도달하는 햇빛의 양을 줄여 주는 역할을 합니다. 또한 에어로졸은 갈색 구름을 만들게 되는데, 이 구름은 보통의 구름과 달리 태양빛이 지표로 오는 것을 막아 주는 역할을 하기 때문에 지구를 식히는 역할을 하지요. 그러므로 사하라사막과 같은 거대한 사막은 그대로 놔 두어야 합니다.

그렇겠군요. 이번 재판을 통해 이산화탄소나 메탄가스와 같이 지구를 덥게 만드는 온실가스뿐 아니라, 사막의 모래바람 속에는 지구를 식게 만드는 에어로졸도 존재한다는 사실을 알게 되었습니다. 결론은 뻔합니다. 지구온난화는 우리 모두에게

 산란

파동이나 빠르게 움직이는 분자나 미립자 등에 충돌하여 운동의 방향을 바꾸고 흩어지는 것을 산란이라고 한다. 기체, 액체, 고체에서 모두 일어나지만, 고체나 액체보다는 기체에서 더 잘 일어난다.

해가 되는 일입니다. 사하라사막의 모래바람이 그런 해를 조금이나마 줄여 줄 수 있다면 사막은 그대로 유지되어야 한다고 생각합니다. 이상으로 재판을 마치도록 하겠습니다.

재판이 끝난 후, 사하라사막을 포함한 지구상의 많은 사막들이 소속된 사막협회에서는 재판 결과에 대해 환영의 뜻을 표했다.

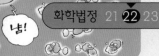

# 박테리아가 지구온난화를 막는다고요?

크로클로로코커스라는 박테리아가 이산화탄소를 줄인다는 게 사실일까요?

과학공화국에서 제일 유명한 대학은 에일대학교이
다. 이 대학교는 훌륭한 지구과학과 교수님들이 계
신 걸로 유명하다. 에일대학교에는 지구과학과 교
수님이 딱 두 분 계셨는데 바로 쿨러 교수님과 라뷰 교수님이었다.

"라뷰 교수님! 오늘 텔레비전에 나오신 거 봤어요."

라뷰가 수업을 끝내고 강의실을 나오자마자 학생들이 갑자기 라
뷰 교수를 둘러싸면서 말을 건넸다. 이미 이런 것들이 익숙한지 라
뷰 교수는 학생들에게 백만 불짜리 미소를 날려 주고 있었다.

"아, 봤니? 얼굴이 너무 크게 나오지 않았어?"

"교수님 얼굴이야 원래 크지만…… 하여튼 교수님 너무 멋졌어요!"

"정말? 이러다 나 연예계로 가야 하는 거 아닌가 몰라~."

"어쩜, 교수님 유머도 있으셔~"

마침 지난 주 일요일에 라뷰 교수가 텔레비전 출연을 했다. 인기가 하늘을 찌르는 과학 프로그램인 스퐁지에서 과학에 대해 설명해 주는 역할로 나왔기 때문에 이미 에일대학교에서는 스타나 다름없는 교수님이다.

그런 라뷰 교수의 라이벌은 같은 지구과학과 교수인 쿨러였다. 둘은 수업 면에서나 학생들을 대하는 태도 면에서 비슷했지만, 이상하게도 항상 라뷰 교수가 더 인기가 많았다. 그럴수록 쿨러는 라뷰 교수를 뛰어넘기 위해 연구에 더 매진했다.

"쿨러 교수님, 오늘은 왠지 힘이 없어 보이시네요."

"아, 아무것도 아니야."

라이벌인 라뷰 교수가 유명한 텔레비전 프로에 나오는 걸 보면서 쿨러는 하루 종일 기분이 좋지 않았다. 라이벌 의식 때문인지 꼭 자기가 진 것 같은 느낌이 들어서였다.

'흥, 그렇게 라뷰 교수가 놀고 있을 동안 나는 열심히 연구해서 과학 연구자로 인정받겠어!'

드디어 정기적으로 있는 논문 발표회 날이 다가왔다. 이 날은 그동안 열심히 연구했던 쿨러의 논문을 발표하는 날이었다. 쿨러는 오늘이야말로 라뷰 교수 쪽으로 기운 인기를 단번에 자기 쪽으로 돌릴 수 있는 기회라고 생각하고 강의실로 향했다.

"쿨러 교수님, 요즘 계속 연구실에만 계시더니 논문을 쓰고 계셨군요."

당당하게 걷는 쿨러 옆으로 갑자기 라뷰가 다가와 말을 걸었다.

"네, 연구자라는 직업을 가졌으면 연구를 하는 게 당연하죠."

"하하하, 저는 연구실 안에 얼마나 맛있는 게 있기에 연구실 밖으로 안 나오시나 했습니다."

"저에겐 연구가 제일 맛있는 밥상이죠. 하하하!"

쿨러는 곁눈질로 라뷰를 째려보며 억지로 크게 웃었다. 라뷰도 라이벌인 쿨러를 탐탁지 않게 쳐다보았다. 그렇게 의례적인 말을 주고받으며 강의실에 도착했다.

"그럼 논문 발표 기대하겠습니다."

"기대를 얼마나 하셨는지 몰라도 결과는 기대 이상일 겁니다."

쿨러는 자존심 싸움에서 지지 않겠다는 뜻을 보이고 강의실에 들어섰다. 라뷰도 은근히 경계태세를 유지하며 뒤따라 들어왔다.

이미 강의실에는 논문 발표를 보기 위해 많은 사람들이 자리에 앉아 있었다. 쿨러 교수는 긴장되어 목이 바싹바싹 타들어 가는 것 같았다.

"그럼, 지금부터 지구과학과 쿨러 교수님의 논문 발표가 있겠습니다."

사회자의 말이 끝남과 동시에 쿨러 교수는 준비된 단상 위로 올라갔다. 그러자 정면에서 여유롭게 웃고 있는 라뷰의 얼굴이 보였다.

'그래, 이렇게 긴장해선 안 돼. 라뷰를 꼭 이기고 말겠어!'

쿨러 교수는 떨리는 마음으로 앞에 있는 물을 한컵 마셨다. 그리고 그동안 열심히 준비한 논문에 대해 입을 열었다.

"반갑습니다. 에일대학교 지구과학과의 초절정 꽃미남 쿨러입니다."

사람들은 가벼운 인사말에 모두 웃음을 터뜨렸다. 일단 딱딱한 분위기가 사라지자 쿨러는 편하게 말을 할 수가 있었다.

"제가 이번에 연구한 주제는 바로 생물을 이용하여 지구온난화를 막는 문제에 관한 것입니다."

지금까지 이 두 개의 연관성에 대한 논문이 없었기 때문에 많은 사람들의 관심이 집중되었다.

"결론부터 말씀드리면 바다 속의 수많은 박테리아들이 바로 지구온난화를 막을 수 있는 대안입니다. 우리가 박테리아를 더 많이 번식시켜 지구온난화를 막는 데 주력한다면 살기 좋은 지구를 만들 수 있을 것입니다."

쿨러는 지금까지 자신이 그렇게 매달렸던 연구 결과를 발표하자 막혔던 속이 싹 내려가는 듯한 시원한 느낌이 들었다. 그리고 이제 많은 사람들이 자신을 칭찬할 일만 남았다고 생각했다. 하지만 생각과는 달리 사람들은 아무 말이 없었고, 그 사이에서 라뷰 교수가 손을 들었다.

'다된 밥에 무슨 초를 치려고 손을 드는 거야?'

쿨러는 조금 찝찝한 생각이 들었지만, 손을 들었다면 질문이나 이의가 있다는 것이므로 그냥 넘어가서는 안 되는 일이었다. 쿨러는 라뷰 교수에게 말해 보라고 손짓했다.

"저는 지구과학과 교수인 라뷰입니다. 이 논문은 잘못된 것 같군요."

"그게 무슨 말씀이십니까?"

라뷰의 말에 충격을 받은 쿨러는 순간 감정적으로 되받아쳤다. 순식간에 여기저기서 웅성거리기 시작했다.

"도대체 박테리아와 지구온난화가 무슨 관계가 있다는 겁니까? 지구온난화는 이산화탄소와 같은 온실가스 때문에 발생합니다. 그러므로 온실가스를 줄이는 게 온난화의 유일한 해결책입니다."

라뷰가 그렇게 말하자 옆에 있던 참석자들도 고개를 끄덕이며 라뷰의 말에 동조하는 눈치였다. 그러자 주위에 있던 사람들도 일어나서 쿨러 교수에게 따졌다.

"맞아요! 방송국에서도 인정받은 라뷰 교수가 그렇다고 하면 이 논문은 다시 생각해 봐야 하는 것 아니오?"

"나도 박테리아와 지구의 기온이 관계있다는 말은 처음 들어봅니다. 잘못된 논문아닙니까?"

대부분 사람들은 쿨러보다 더 인기 있는 라뷰 교수의 의견에 동감했고, 앞에 있는 쿨러만 난처하게 되었다.

"아닙니다! 제 논문은 엉터리가 아닙니다!"

하지만 사람들은 믿으려 하지 않았고, 논문 발표회장은 아수라장이 되었다. 결국 쿨러 교수는 자신의 논문이 거짓이 아니라는 걸 밝히기 위해 직접 지구법정에 논문을 제출했다.

"나의 피와 땀이 섞인 이 논문은 진짜라고요!"

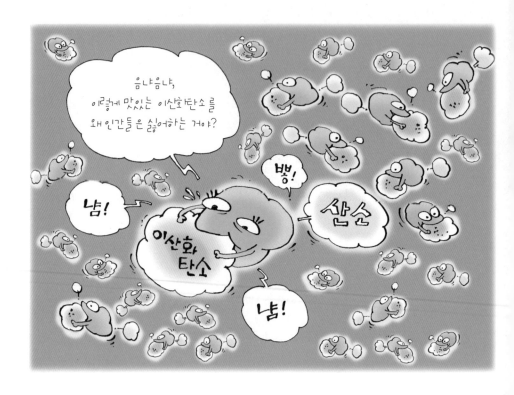

바다 속의 크로클로로코커스들은 이산화탄소를 흡수하여
지구온난화를 막고 있습니다. 또한 이 박테리아는 번식력이
매우 좋아 이산화탄소의 저장 탱크 기능을 할 수 있습니다.

박테리아가 지구온난화를 막을 수 있을까요?
지구법정에서 알아봅시다.

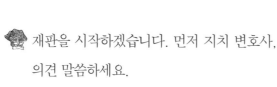

재판을 시작하겠습니다. 먼저 지치 변호사,
의견 말씀하세요.

박테리아는 물속에 사는 아주 작은 미생물
을 말합니다. 이들 미생물들은 작은 물고기의 먹이가 되고, 그
작은 물고기를 큰 물고기가 먹으면서 생태계가 이루어지지요.
그런데 박테리아가 어떤 근거로 지구온난화의 해결 방법이 된
다는 건지 충분한 설명이 없군요. 쿨러 교수가 거짓 논문을 발
표한 게 아닌지 의심스럽습니다.

어쓰 변호사, 반대 의견 있으면 말씀하세요.

쿨러 교수를 증인으로 요청합니다.


노란색 정장을 차려입은, 조금은 촌티 나는 패션의 사내가
증인석으로 들어왔다.

증인은 박테리아가 지구온난화를 막을 수 있는 한 방법이라고
했는데, 그게 가능한가요?

박테리아는 두 가지 종류가 있습니다.

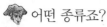 어떤 종류죠?

식물성 박테리아와 동물성 박테리아입니다. 바다에는 수많은 식물성 박테리아가 살고 있는데 이들은 육상 식물처럼 이산화탄소를 이용하여 광합성을 하지요. 식물성 박테리아 중에서 그 개체수가 가장 많은 것은 크로클로로코커스입니다. 이 박테리아는 크기가 아주 작아 그 크기가 1mm의 백만분의 1 정도 되는데, 이 박테리아들이 온실가스인 이산화탄소를 줄이는 역할을 합니다. 또한 이 박테리아는 번식력이 매우 좋아 이산화탄소의 저장 탱크로서의 기능을 할 수 있지요.

지구를 위해 좋은 일을 하는 박테리아군요. 그렇죠, 판사님?

인류는 탄소를 태워 지구를 오염시키고 지구온난화를 가속시키는데, 이 작은 박테리아가 바다 속에서 지구온난화를 막고 있다는 것이 아이러니합니다. 아무튼 쿨러 교수의 이론대로 바다 속의 크로클로로코커스들이 지구온난화의 주범인 이산화탄소를 흡수하는 데 큰 역할을 한다고 결론 내리겠습니다. 이상으로 재판을 마치도록 하겠습니다.

 박테리아

박테리아는 세균이라고도 부르며, 세포의 소기관을 갖지 않은 대부분의 원핵생물이 여기게 속한다. 박테리아는 그리스어로 막대기라는 뜻이며 1676년 현미경을 발명한 레벤후크에 의해 처음으로 관찰되었다.

재판이 끝난 후, 쿨러 교수는 인기를 끌게 되었다. 그리고 많은 연구원들이 쿨러 교수와 함께 크로클로로코커스에 대한 연구를 진행하게 되었다.

# 동위원소로 지구의 온도를 재나요?

산소의 동위원소 양으로 지구의 온도를 측정할 수 있을까요?

미스 홍은 과학공화국의 자그마한 도시 '스몰러'에 서 '홍홍반점'이라는 자장면 집을 하며 살아가고 있다. 미스 홍은 처음 홍홍반점을 오픈하고 몇 달 동안 몇 번의 좌절을 겪었다. 미스 홍의 빼어난 미모에 관한 소문을 듣고 홍홍반점을 찾아온 손님들이 자장면을 한 번 먹어 보고는 다 신 홍홍반점을 찾지 않는 것이다.

"도대체 왜 한 번 다녀간 손님들은 절대 우리 가게를 찾지 않는 거지? 우리 집 자장면이 그렇게 맛이 없나? 아, 그러고 보니 이제 까지 손님들에게 자장면을 내면서 한 번도 간을 본 적이 없구나."

미스 홍은 한숨을 쉬며 손님이 남기고 간 자장면을 먹어 보았다.

"으악, 무슨 맛이 이래! 짜고 달고, 씁쓸한 이 맛은 도대체 뭐지? 나라도 안 먹겠다."

자신이 만든 자장면을 맛본 미스 홍은 충격에 휩싸였다. 속상한 나머지 혼자 테이블에 엎드려서 울고 있었다. 그때 마침 홍홍반점에 남자 손님이 한 명 들어왔다. 하지만 미스 홍은 그 사실을 알지 못한 채 고개 숙여 울고 있었다.

"여기 장사 안 하나요?"

그제야 미스 홍은 고개를 들어 손님을 보았다.

"죄송합니다. 오늘은 자장면 안 팝니다."

"뭐라고요? 이제 겨우 낮 12시인데 자장면을 안 판다고요?"

"손님, 사실은 저희 자장면이 너무 맛없어서 도저히 손님에게 내놓을 수가 없습니다. 죄송합니다."

그 말에 손님은 큰 소리로 웃었다.

"하하, 자장면이 맛없다면 짬뽕이라도 잘 만들면 되잖아요?"

"짬뽕은 자장면보다 더 만들기 어려워요."

"후후후, 미스 홍! 그럼 자장면 맛있게 만드는 방법을 연구해 보세요. 정성과 노력을 다해서 만들면 분명 맛있는 자장면이 만들어질 겁니다. 아시겠어요?"

"좋은 말씀이세요. 정성과 노력, 알겠습니다. 최선을 다해 최고의 자장면 요리사가 되겠어요."

"저는 앙데르셍이라는 작가입니다. 몇 달 전《지구의 온도》라는 책을 발표했지요. 혹시 읽어 보셨습니까?"

"《지구의 온도》작가라고요? 그 책은 안 읽어 본 사람이 없을 정도로 인기 있는 유명한 책이잖아요. 와, 그런 분이 저희 홍홍반점을 찾아 주시다니, 정말 영광입니다."

"후후, 그럼 이것도 인연인데, 이왕 온 김에 자장면이나 같이 만들어 볼까요?"

"어머, 앙데르셍 님, 그렇게 해 주시겠어요? 그럼 저야 영광이죠."

둘은 그렇게 맛있는 자장면을 만들기 위해 이것저것 온갖 재료를 이용해 해물자장면을 만들어 냈다.

"어머, 어떻게 자장면이 이렇게 맛있을 수 있죠? 이런 맛은 처음이에요. 해물의 풍부한 맛과 자장면의 부드러움이 섞여 너무나 맛있어요."

"미스 홍이 기뻐하시는 모습을 보니 제가 다 기쁘군요. 그럼 전 이만……."

미스 홍이 잡기도 전에 앙데르셍은 홀연히 사라지고 말았다.

그 다음 날부터 홍홍반점엔 손님들이 넘치기 시작했다.

"여기 해물자장 열 그릇이요~."

"여기 주문 좀 빨리 받아 주세요."

"도대체 이 가게 자리 언제 나요? 두 시간째 기다리고 있는데, 아직도 줄 서 있으니……."

미스 홍은 북적거리는 가게 안을 보며 기뻐서 어쩔 줄을 몰랐다. 그런데 이렇듯 손님들이 밀려들수록 앙데르셍이 그리워지는 자신을 느낄 수 있었다. 미스 홍은 서점으로 달려갔다.

"저기, 앙데르셍이 지은 《지구의 온도》라는 책 있죠? 그 책 좀 주세요. 빨리요."

"그 책이요? 그 책 인기가 너무 좋아서 있을지 모르겠네요. 잠시만 기다리세요. 아, 한 권 남았네요. 조금만 늦게 오셨으면 일주일 기다리실 뻔했어요. 여기 있습니다."

미스 홍은 서둘러 집에 돌아와 《지구의 온도》를 읽기 시작했다.

지구의 온도는 지구 대기 속의 산소 동위원소의 양을 조사하면 간단하게 알 수 있다.

"우와! 정말 신기하네. 난 지역마다 다른 지구의 온도를 어떻게 재나 궁금했는데. 내용은 잘 이해가 되지 않지만, 정말 획기적인 방법이야."

미스 홍은 책의 내용 중 일부를 정리하여 자신의 블로그에 올렸다. 그런데 블로그 게시판에 다음과 같은 글이 올라왔다.

악플러님〉〉 산소의 동위원소로 어떻게 지구의 온도를 잰다는

거요? 뻥치지 마요. 무식한 티내긴. 미스 홍 님, 자
장면이나 만들어요. 괜히 과학에 대해 아는 척하지
말고.

미스 홍은 자신의 블로그에 올라온 악플을 읽고 화가 치밀었다.
그녀는 자신이 존경하는 앙데르셍 작가의 책을 모독한 죄로 악플러
를 지구법정에 고소했다.

무거운 원소가 기체 상태보다는 액체나 고체 상태를
더 원하는 성질을 이용하면 동위원소의 양을 통해
지구 대기의 온도를 측정할 수 있습니다.

산소의 동위원소 양으로 지구의 온도를
측정할 수 있을까요?
지구법정에서 알아봅시다.

재판을 시작하겠습니다. 먼저 피고 측 변론
하세요.

자신이 잘못된 글을 올렸다면 당연히 네티즌에게 공격받아야
합니다. 그러므로 네티즌의 주장은 악플이 아니라 정당한 비
판이라고 생각합니다. 이번 원고 측의 고소는 이유가 성립되
지 않는다는 것이 본 변호사의 의견입니다.

원고 측 반대 변론하세요.

이번에 문제가 된 연구 과제를 《지구의 온도》라는 책을 통해
발표한 앙데르셍을 증인으로 요청합니다.

　　머리가 유난히 긴 40대 남자가 검은색 점퍼 차림으로 증인
석에 앉았다.

증인은 본인이 쓴 《지구의 온도》라는 책에서 대기 중 산소
의 동위원소 양을 조사하면 지구의 온도를 알 수 있다고 했
지요?

그렇습니다.

과학적인 근거가 있는 얘긴가요?

그렇습니다.

조금 더 자세히 말씀해 주세요.

모든 원자는 원자핵과 그 주위를 도는 전자로 이루어져 있어요. 그리고 원자핵에는 양의 전기를 띤 양성자와 전기를 띠지 않은 중성자가 있지요. 그런데 동위원소는 중성자의 개수가 다르기 때문에 무게가 달라지는 원소입니다. 예를 들어 보통의 산소는 양성자 8개 중성자 8개로 이루어져 있지만, 산소의 동위원소 중 산소-18의 경우는 양성자 8개와 중성자 10개로 이루어져 있어 보통의 산소보다 무겁습니다.

그럼 대기 중에서 이들 동위원소의 양이 지구의 온도에 따라 달라지나요?

산소의 동위원소인 산소-18은 보통의 산소보다 무겁습니다. 그래서 보통의 산소보다는 액체나 고체의 상태로 있고 싶어 하는 성질이 더 강하지요. 특히 이 현상은 지구의 대기 온도가 낮을수록 더욱 강해져 지구의 온도가 낮으면 대기 중에 무거운 산소의 양이 적어지게 됩니다. 그러므로 대기 중 무거운 산소의 양을 조사하면 지구 대기의 온도를 측정할 수 있지요.

잘 알겠습니다. 판사님, 판결 부탁드립니다.

판결합니다. 앤더르셍의 연구는 무거운 원소가 기체 상태보다

액체나 고체 상태를 더 원하는 성질을 이용한 것으로, 과학적으로 타당하다고 판결합니다. 그러므로 이 내용을 비과학적인 것으로 비판한 네티즌은 앙데르센과 미스 홍에게 사과하기 바랍니다. 이상으로 재판을 마치도록 하겠습니다.

재판이 끝난 후, 미스 홍과 앙데르센은 더욱 가까워졌고, 앙데르센은 홍홍반점의 단골손님이 되었다. 또한 미스 홍의 블로그에는 앙데르센의 〈지구 이야기〉라는 글이 매주 언제되었다.

 동위원소

보통의 원자보다 무겁거나 가벼운 원자핵을 가진 원소를 동위원소라고 한다. 원자핵은 양의 전기를 띤 양성자와 전기를 띠지 않은 중성자로 이루어져 있는데 동위원소는 중성자의 개수가 달라진 원자를 말한다.

# 과학성적 끌어올리기

## 지구온난화의 피해

지구온난화의 가장 큰 피해로 극심한 굶주림을 들 수 있습니다. 세계에서는 연간 수천 톤의 살충제가 사용되는데도 세계 식량의 40퍼센트 이상이 해충과 식물 질병, 잡초에 의해 손실됩니다. 액수로 환산하면 5천 억 달러에 달합니다.

따뜻한 온도와 온화한 겨울은 해충의 번식을 강화시킵니다. 해충들은 고지대로 확산되고 해마다 활동 기간도 늘어납니다. 애벌레는 추위 때문에 죽어야 하는 지역에서조차 겨울을 견디게 되고, 농번기에는 왕성히 활동합니다. 해로운 곤충은 일 년 동안 많은 번식을 하게 됩니다. 어떤 암컷은 수백만 개의 알을 낳습니다. 날개로 이동하면서 여러 지역을 먹어 치우는 메뚜기의 번식에 관한 기사를 남유럽에서는 많이 볼 수 있다. 온도가 $1°C$ 상승하면 유럽옥수수 곤충은 북쪽으로 500km 확산되어 곡식을 망가뜨립니다. 온도가 $3°C$ 올라가면 더 많은 해충을 보게 됩니다. 이는 화학 살충제로 해충을 조절한다는 것이 얼마나 어려운지 보여 주는 것입니다.

아프리카 돼지열과 같은 동물 질병은 북아메리카로 옮겨 갑니다. 식물 질병, 특히 균과 박테리아에 의한 질병은 온난하고 습한 조건

에서 번식합니다. 영국의 온순한 겨울은 감자마름병과 곡식의 흰곰 팡이 발생을 촉진시켰습니다.


## 지구 기후에 영향을 미치는 요인들

지구 자전축의 변화와 관련된 두 가지 요인이 있습니다. 하나는 지축의 세차운동으로, 지구 공전축에 대하여 지축이 1만 9천~2만 3천 년 주기로 팽이처럼 원을 그리며 회전하는 것입니다. 현재 태양 주위를 타원 궤도를 따라 공전하는 지구의 북반구는 여름철에는 태양에서 가장 멀고 겨울철에는 가장 가깝습니다. 그러나 1만 1천 년 전에는 이와 반대로 여름철에 태양에 가장 가깝고 겨울철에 가장 멀었습니다. 따라서 이때는 현재와는 반대로 북반구에서 더 많은 태양 에너지가 유입되었습니다. 이에 따라 북반구의 기후 계절 변화는 지금보다 훨씬 더 컸고, 아시아 몬순의 강도도 더욱 크게 나타났을 것으로 생각됩니다.

## 하얗게 변해 가는 바다

결국 백화현상이란 칼슘 이온이 탄산칼슘으로 환원되는 현상이라 볼 수 있습니다. 이 과정에는 칼슘 이온이 풍부한 해수가 표층 가까이에서 다시 탄산 이온과 결합하는 화학작용이 수반됩니다. 물론 심해수가 위로 솟는 경우에는 위의 반응에서 수온과 해수의 압력이 백화현상을 더욱 촉진시키게 됩니다.

이러한 이유로 해양저 산을 조사해 보면, 산의 정상 부분(표층)에 육지 고산의 만년설처럼 탄산칼슘으로 만들어진 눈이 쌓이게 되면 산허리 아래에서는 탄산칼슘의 침전을 볼 수 없게 됩니다. 다시 말해 용해된 탄산칼슘은 탄산 이온의 포화도 수심 이상에서만 다시 용출될 수 있으며 백화현상(탄산칼슘의 용출)은 수온, 압력, pH 그리고 생물 생산에 크게 좌우됩니다. 여기서 한 가지 유의해야 할 점은 저층수는 탄산 이온이 불포화 상태지만 용해된 칼슘의 절대량은 표층수보다 더 많이 녹아 있다는 것입니다.

또한 대기 중의 이산화탄소 농도가 높아져 식물에 모두 흡수되지 않으면 뿌리를 통해 흘러나와 용존 유기탄소를 형성하여 생태계를 오염시킵니다. 생태계 내의 육상 식물의 이산화탄소 흡수 능력은 뚜렷한 한계가 있습니다.

## 온도 변화에 따른 동물과 식물의 이동

아델리 펭귄에게는 다른 측면의 불행이 닥쳤습니다. 펭귄들이 남극 자갈 해변에 둥지를 트는 것은 포식자로부터 자신을 보호하기 위해서입니다. 온난화 때문에 더 많은 눈이 녹기 시작하자 대기 중 수분의 양도 증가했습니다. 이로 인해 아델리 펭귄이 봄에 낳은 알은 오랫동안 서서히 사라졌습니다. 눈이 녹을 때 자갈 해변의 찬물 웅덩이에서 알을 낳게 되거나, 심지어 새로 태어난 새끼가 물에 빠져 죽는 일까지 벌어졌습니다. 계속해서 이러한 일이 생기자 펭귄은 건조한 곳으로 이동하게 되었습니다. 어떤 펭귄은 좀 더 남쪽으로 가서 둥지를 틀었지만 적합한 장소가 많지 않았습니다.

펭귄 먹이가 물에서 산다는 것을 감안할 때, 겨울 얼음이 줄어드는 것은 먹이사슬 문제와 연관되어 문제를 낳습니다. 얼음 아래 물 표면에는 녹조류가 자리를 잡는데, 이 녹조류들은 남극 먹이사슬의 맨 아래에 있습니다. 얼음의 크기가 작을수록 녹조류도 적어집니다. 크릴새우는 조류를 먹고 사는데, 크릴새우가 줄어들면 펭귄도 굶주릴 수밖에 없습니다. 그러면 펭귄의 개체 수가 줄어들게 되고, 결국 종 자체가 사라지게 되는 것입니다.

### 사라지는 숲

숲은 이산화탄소를 흡수하고 산소를 만들어 내는가 하면, 흙을 고정시키고 기후를 안정되게 관리하며 물이 조화롭게 순환하게 해 수고, 동물과 식물에게는 서식지가 되어 줍니다.

지난 40년 동안 7억 5천만 에이커에 달하는 세계 원시림의 반이 파괴되었습니다. 이 가운데 단 20퍼센트만이 인간 활동에 의해 파 괴되지 않았습니다. 열대지방에서 90퍼센트 이상의 숲이, 열대림의 3450만 에이커가 해마다 손상되고 있습니다. 이들 숲의 3분의 2가 농사를 위한 개간 때문에 손상된 것입니다. 지중해에서는 90퍼센 트 이상의 숲은 벌목되었습니다. 브라질에서는 1995년~1997년 사이에 1480만 에이커의 숲, 즉 벨기에 크기만 한 지역이 파괴되 었습니다.

# 위대한 지구과학자가 되세요

과학공화국 법정시리즈가 10부작으로 확대되면서 어떤 내용을 담을까 많이 고민했습니다. 그리고 많은 초등학생들과 중고생 그리고 학부형들을 만나면서 서서히 어떤 방향으로 시리즈를 써야 할지 생각났습니다.

처음 1권에서는 과학과 관련된 생활 속의 사건에 초점을 맞추었습니다. 하지만 권수가 늘어나면서 생활 속의 사건을 이제 초등학교와 중, 고등학교 교과서와 연계하여 실질적으로 아이들의 학습에 도움을 주는 것이 어떻겠냐는 권유를 받고, 전체적으로 주제를 설정하여 주제에 맞는 사건들을 찾아내 보았습니다. 그리고 주제에 맞춰 사건을 나열하면서 실질적으로 그 주제에 맞는 교육이 이루어질 수 있도록 하는 방향으로 집필해 보았지요.

그리하여 초등학생에게 맞는 여러 지구과학의 많은 주제를 선정해 보았습니다. 지구법정에서는 지구, 태양계, 우주, 바다, 날씨, 화석과 공룡 등 많은 주제를 각권에서 사건으로 엮어 교과서보다 재미있게 지구과학을 배울 수 있게 하였습니다.

부족한 글 실력으로 이렇게 장편 시리즈를 이끌어 오면서 독자들 못지않게 저도 많은 것을 배웠습니다. 그러나 힘들었던 점도 많았습니다. 그것은 어려운 과학적 내용을 어떻게 초등학생, 중학생의 눈높이에 맞추는가 하는 것이었습니다. 이 시리즈가 초등학생부터 읽을 수 있는 새로운 개념의 지구과학 책이 되기 위해 많은 노력을 기울였고, 이제 독자들의 평가를 겸허하게 기다릴 차례가 된 것 같습니다.

한 가지 소원이 있다면 초등학생과 중학생들이 이 시리즈를 통해 지구과학의 여러 개념을 정확하게 깨우쳐 미래에 훌륭한 지구과학자가 많이 배출되는 것입니다. 그런 희망은 지칠 때마다 항상 제게 큰 힘이 되어 주었습니다.